乡村振兴知识百问系列丛书

乡村振兴战略·

种植业兴旺

河南农业大学　组编

张学林　主编

中国农业出版社

内容简介

　　本书内容主要包括粮食作物、经济作物、小杂粮、中草药等不同作物的生长发育特点、影响这些作物生长发育的环境因素、作物常见病虫害及其防治措施、作物高产稳产优质高效的栽培管理技术等。

　　本套丛书是推动我国农业种植业产业兴旺的重要参考资料，可以供各级农业管理部门、广大基层农技推广人员、科技示范户、种粮大户、农资营销人员以及广大一线农业生产工作者参考使用，也可以作为基层农技推广体系培训学习用书。

发挥高等农业院校优势　助力乡村振兴战略
（代序）

实施乡村振兴战略是党的十九大作出的重大决策部署，是决胜全面建成小康社会、全面建设社会主义现代化国家的重大历史任务。服务乡村振兴战略既是高等农业院校的本质属性使然，是自身办学特色和优势、学科布局的必然，也是时代赋予高等农业院校的历史使命和职责所在。面对这一伟大历史任务，河南农业大学充分发挥自身优势，助力乡村振兴战略，自觉担负起历史使命与责任，2017年11月30日率先成立河南农业大学乡村振兴研究院，探索以大学为依托的乡村振兴新模式，全方位为乡村振兴提供智力支撑和科技支持。

河南农业大学乡村振兴研究院以习近平新时代中国特色社会主义思想为指导，立足河南，面向全国，充分发挥学校科技、教育、人才、平台等综合优势，紧抓这一新时代农业农村发展新机遇，助力乡村振兴，破解"三农"瓶颈问题，促进农业发展、农村繁荣、农民增收。发挥人才培养优势，为乡村振兴战略提供智力支持；发挥科学研究优势，为乡村振兴战略提供科技支撑；发挥社会服务优势，为乡村振兴战略提供服务保障；发挥文化传承与创新优势，为乡村振兴战略提供精神动力。

成为服务乡村振兴战略的新型高端智库、现代农业产业技术创新和推广服务的综合平台、现代农业科技和管理人才的教育培训基地。

为助力乡村振兴战略尽快顺利实施，河南农业大学乡村振兴研究院组织相关行业一线专家，编写了"乡村振兴知识百问系列丛书"，该丛书围绕实施乡村振兴战略的总要求"产业兴旺、生态宜居、乡风文明、治理有效、生活富裕"，分《乡村振兴战略·种植业兴旺》《乡村振兴战略·蔬菜业兴旺》《乡村振兴战略·林果业兴旺》《乡村振兴战略·畜牧业兴旺》《乡村振兴战略·生态宜居篇》《乡村振兴战略·乡风文明和治理有效篇》和《乡村振兴战略·生活富裕篇》7个分册出版，融知识性、资料性和实用性为一体，旨在为相关部门和农业工作者在实施乡村振兴战略中提供思路借鉴和技术服务。

作为以农为优势特色的河南农业大学，必将发挥高等农业院校优势，助力乡村全面振兴，为全面实现农业强、农村美、农民富发挥重要作用、做出更大贡献。

河南农业大学乡村振兴研究院
2018 年 10 月 10 日

　　种植业是我国第一产业——农业的重要组成部分，在整个农业生产中占有特殊的地位，是整个农业的基础，是人类社会得以存在和发展的基础。种植业是以土地为重要生产资料，利用农作物光合作用，把自然界中的二氧化碳、水和矿物质合成为有机物质，同时，把太阳能转化为化学能贮藏在有机物质中，它是一切以植物产品为原料的食品的物质来源；种植业也是大农业的重要基础，不仅是人类赖以生存的食物与生活资料的主要来源，还为轻纺工业、食品工业等产业提供原材料，为畜牧业和渔业提供饲料，种植业的兴旺发展对国民经济有直接的影响。

　　随着乡村振兴战略的实施，产业兴旺尤其是种植业产业兴旺发展迫在眉睫。本书围绕种植业中的粮食作物、经济作物、小杂粮、中草药等产业发展，详细介绍了不同作物的生长发育特性、耕作技术要点、肥水管理要点、病虫害防治等关键栽培技术，本着"实际、实用、实效"的原则，坚持种植业科学理论与生产实践紧密结合的特点，把传统生产经验与现代最新科学研究成果和科学技术相结合，通过充实种植业从业人员的文化知识、传播现代最新种植业科学知识，助力种植业产业兴旺。本书可供初中以上文化程度的农民群众和技术人员、基层干部及从事农业技术推广的人员阅读参考。

本书在编写过程中得到河南农业大学等单位的大力支持和帮助，张学林、黄松和苌建峰编写了粮食作物部分，田志强和苌建峰编写了经济作物部分，张辉、张惠、郝晓峰编写了小杂粮部分，苌建峰编写了中草药部分，有关专家为本书编写提供了最新的科研成果和技术资料，在此一并表示感谢。

限于编者水平有限，不当之处敬请同行专家和读者批评指正。

编　者

2018 年 6 月

目 | 录
MU LU

二、玉米

三、 水稻

第二部分　经济作物

一、棉花

二、大豆

六、芝麻

第三部分 小 杂 粮

一、高粱

二、谷子

三、甘薯

第四部分 中草药种植

第一部分 | 粮食作物

LIANGSHI ZUOWU

一、小麦

1. 小麦品种有哪些特性？

（1）冬性、半冬性和春性品种的划分 小麦从营养生长过渡到生殖生长，经过两个发育阶段，即春化阶段和光照阶段。小麦种子萌发后，便可进入春化阶段的发育，其特点是在所需要的综合条件中必须有一定时间和一定程度的低温，否则不能通过春化阶段，永远停留在分蘖状态。根据小麦通过春化阶段所需温度高低和时间长短，可以把小麦品种分为冬性、弱（半）冬性和春性三种基本类型。

冬性品种：对温度要求极为敏感。春化阶段适宜温度在 $0 \sim 5℃$，需经历 $30 \sim 50$ 天，其中在 $0 \sim 3℃$ 条件下经过 30 天以上才能通过春化阶段的品种，为强冬性品种，没有经过春化阶段的种子在春季播种不能抽穗。

半冬性品种：对温度要求介于冬性和春性之间。在 $0 \sim 7℃$ 条件下经过 $15 \sim 35$ 天，可以通过春化阶段。没有经过春化阶段的种子在春季播种不能抽穗或延迟抽穗，抽穗不整齐，产量很低。

春性品种：通过春化阶段时对温度要求范围较宽，经历时间较短。一般在秋播地区要求 $0 \sim 12℃$，北方春播地区要求在 $0 \sim 20℃$，经过 15 天可以通过春化阶段。

冬性和春性指的是小麦品种春化阶段发育的特性，而冬麦、春麦指的是播期。生产上说的春小麦指的是春季播种的品种；冬小麦指的是秋季播种、在冬季经过生产期间的小麦。我国长江中下游和四川盆地的冬小麦品种种植的多是春性品种，黄淮海麦区的冬小麦多是半冬性品种，北部冬麦区的冬小麦都是冬性品种。

（2）对日照长短的反应类型 小麦通过春化阶段进入光照阶段，开始幼穗发育，然后抽穗结实。根据小麦对每天日照长短的反应不同，可以分为迟钝型、中等型、敏感型三种类型。

反应迟钝型： 在每天 8～12 小时的日照条件下，16 天以上能通过光照阶段而抽穗。

反应中等型： 在每天 8 小时日照条件下不能通过光照阶段，在 12 小时的日照条件下，24 天左右可以通过光照阶段而抽穗，一般半冬性品种属于这一类型。

反应敏感型： 在每天 12 小时以上的日照条件下，经过 30～40 天能通过光照阶段而抽穗。一般冬性品种及高纬度地区春播的春性品种属于这一类型。

2. 什么是小麦品质？我国小麦优势区域布局和发展任务是什么？

小麦品质主要是指形态品质、营养品质和加工品质。形态品质包括籽粒形状、籽粒整齐度、腹沟深浅、千粒重、容重、病虫粒率、粒色和胚乳质地（角质率、硬度等）。营养品质包括蛋白质、淀粉、脂肪、核酸、维生素、矿物质的含量和质量。其中蛋白质又可分为清蛋白、球蛋白、醇溶蛋白、麦谷蛋白；淀粉分为直链淀粉和支链淀粉。加工品质分为制粉品质和食品品质。其中制粉品质包括出粉率、容重、籽粒硬度、面粉白度和灰分含量；食品品质包括面粉品质、面团品质、烘培品质和蒸煮品质等。

根据小麦品质不同可分为强筋小麦、中筋小麦和弱筋小麦。强筋小麦是指籽粒硬质、蛋白质含量高、面筋强度强、延伸性好、适宜于生产面包粉以及搭配生产其他专用粉的小麦。中筋小麦是籽粒硬质或半硬质、蛋白质含量和面筋强度中等、延伸性好、适于制作面条或馒头的小麦。弱筋小麦是籽粒软质、蛋白质含量低、面筋强度弱、延伸性较好、适于制作饼干糕点的小麦。

根据农业部 2008 年 9 月发布的《全国优势农产品区域布局规划（2008—2015 年）》，我国着力建设黄淮海、长江中下游、西南、西北、东北 5 个小麦优势区。其中黄淮海小麦优势区着力发展优质强筋、中强筋和中筋小麦；长江中下游小麦优势区着力发展优质弱筋和中筋小麦；西南小麦优势区着力发展优质中筋小麦；西北小麦优势区着力发展优质强筋、中筋小麦；东北小麦优势区着力发展优质强筋、中筋小麦。

3. 土壤耕作对小麦生长发育的影响有哪些？麦田如何进行整地？

(1) 土壤耕作的作用　小麦生育期麦田耕作包括小麦播种前耕作整地和小麦生长期间麦田中耕、镇压等措施。

播前耕作：麦田耕翻不仅可以破除土壤板结，把施用的有机肥和田间残茬、杂草掩埋到土壤下层，熟化耕翻到上层的底土，而且能够增加土壤通透性，蓄纳更多雨水，改善土壤水、肥、气、热等状况，为小麦出苗和正常生长提供良好的土壤环境。耕翻应该根据不同的土壤类型、土质状况和墒情变化，掌握好适耕期，一般以土壤水分相当田间最大持水量的 60%～70%时进行耕翻为宜。黏重土壤尤其要掌握好耕、耙、翻的时间和方法，以免造成大泥条和大坷垃。此外，麦田翻耕后要及时耙细、耙实，平整土地，对土层过松或有翘空的田块，还应进行适当镇压，以防透风和水分过多蒸发（图 1）。

田间耕作：小麦播种后和生长期间田间湿度大，或下雨、灌水后，或北方麦田早春土壤解冻返浆后，可采用中耕、耙地或耧麦等措施，及时破除地表板结，疏松表土，改善通气条件，以利于小麦出苗和生长；麦播后如遇到土层土壤疏松、表土干燥或越冬前后麦田经冻融交替、土松空隙增大，应及时镇压，以保麦苗安全越冬和健壮成长。对于缺少稳固性结构和过于松散的土壤，应减少中耕和耙地次数，以防破坏土壤团粒结构，造成水土流失或风蚀，盐碱土和低湿黏土不宜镇压，以防返盐或使土壤过于紧密，影响麦苗生长。在小麦生长期间，适时、适度中耕有利于小麦生长；深中耕和镇压可抑制小麦旺长，预防倒伏。

（2）播前整地　水肥地要求深耕，同时保证小麦播种具备充足的底墒和口墒。深耕的适宜深度为25～30厘米，一般不超过33厘米，深耕效果能维持3年左右，因此生产上2～3年可深耕一次。墒情不足时应浇好底墒水，耙透、整平、整细，保墒待播。

图1　小麦田

4. 有机肥和秸秆还田在麦田土壤培肥中的作用有哪些？

（1）土壤培肥　目前，黄淮海冬麦区和北部冬麦区高产和超高产示范田，耕层土壤有机质含量一般都在1.2％以上，氮、磷、钾营养丰富、比例协调、有机质含量高的土壤保水保肥效果好。但当前我国小麦主产区耕层土壤有机质含量普遍不高，增施有机肥是提高土壤有机质含量的方法之一，其中秸秆还田是重要的途径。小麦农田单纯使用化肥，不仅不能提高土壤有机质含量，还会使土壤容重、孔隙度等物理性状向不利于小麦生长发育的方向转化（图2）。重视秸秆还田，能优化麦田土壤综合特性，增强小麦生产后劲，促进农业可持续发展。

(2) 玉米秸秆还田注意事项　前茬是玉米的麦田，玉米秸秆还田时应将秸秆粉碎的细一些，一般要用玉米秸秆还田机粉碎两遍。无论是通过耕翻还是旋耕掩埋玉米秸秆，均应在还田后灌水造墒，也可在小麦播种后立即浇水，墒情适宜时耧划破土，辅助出苗，有利于苗全、苗齐、苗壮。造墒时每亩*灌水 40 米³左右。如果土壤墒情较好不需要浇水造墒，要将粉碎的玉米秸秆耕翻或旋耕之后，用镇压器镇压多遍。小麦播种后再镇压，才能保证小麦出苗后根系正常生长，提高抗旱能力。

图 2　过量施氮肥对小麦生长和产量的影响

5. 小麦生育期水肥需求规律是什么？

(1) 需水规律　小麦一生中耗水量受品种、气候、土壤、

---

*　亩为非法定计量单位，1 亩≈667 米²，余同。——编者注

栽培管理措施等因素的影响很大，每亩耗水 $260\sim400$ 米^3，约合 $400\sim600$ 毫米降水量。

小麦出苗至拔节期温度相对较低，植株小，耗水量较少，约占全生育期耗水量的 $30\%\sim40\%$。

拔节至抽穗期，冬小麦进入旺盛生长时期，耗水量急剧增加。由于植株间茎叶覆盖，株间蒸发大大降低，而叶面蒸发显著增加。冬小麦该时期持续时间短，而耗水量却占全生育期的 $20\%\sim35\%$。春小麦这一阶段耗水量也比较多，约占全生育期耗水量的 $25\%\sim29\%$。

抽穗到成熟期，冬小麦这一时期时间比较短，而春小麦则持续时间较长，两者耗水量一般占全生育期耗水量的 $26\%\sim42\%$。由于各地气候环境不同，耗水量的差别也比较大。

（2）需肥规律

小麦养分需求规律：小麦苗期对养分需求十分敏感，充足的氮肥能使小麦幼苗提早分蘖，促进叶片和根系的生长；磷素和钾素营养能促进根系发育，提高小麦抗寒和抗旱能力。小麦起身和拔节期间需要较多的矿质营养，特别是对磷和钾的需要量。氮素的主要作用在于增加有效分蘖数及茎叶的生长，钾肥用于促进光合作用和小麦茎基部组织坚韧性，还能促进植株内营养物质的转运。

小麦抽穗后营养供应状况直接影响穗的发育。适量的氮肥可以减少小花退化，增加穗粒数。磷对小花和花粉粒的形成发育以及籽粒灌浆有明显的促进作用。钾对增加粒重和籽粒品质有较好的作用。

小麦开花后根系吸收能力减弱，植株体内养分能转化和再分配，后期可通过叶面喷肥供应适量的磷、钾肥，以促进植株体内含氮有机物和糖类向籽粒转移，提高千粒重。

小麦生长发育过程中还需要吸收适量的微量元素，如锌能提高小麦有效穗数，增加每穗粒数，提高千粒重。

施肥关键时期：小麦生长发育过程中施肥应抓住两个关键时期。

一是营养临界期，是指小麦对肥料养分需求在绝对数量上并不多，但需要程度很迫切的时期，此时如果缺乏这种养分，作物生长发育就会受到明显的影响，而且由此所造成的损失即使在以后补施这种养分也很难恢复或弥补。磷的营养临界期在小麦幼苗期，由于根系还很弱小，吸收能力差，所以苗期需磷十分迫切。氮的营养临界期在营养生长转向生殖生长的时候，冬小麦是在分蘖和幼穗分化两个时期。生长后期补施氮肥只能增加茎叶中氮素含量，对增加穗粒数或提高产量作用不明显。

二是营养最大效率期，是指小麦吸收养分绝对数量最多、吸收速度最快、施肥增产效率最高的时期。冬小麦营养最大效率期在拔节到抽穗时期，此时生长旺盛，吸收养分能力强。需要适时追肥，以满足小麦对营养元素的最大需要，获得最佳施肥效果。

6. 小麦播前种子处理需要注意哪些事项？

(1) 播前种子处理　播前种子处理有促进小麦早长快发、增根促蘖、提高粒重等作用。常用的种子处理方法有：

发芽试验：待播种子发芽率在90％以上时，可按预定播种量播种；发芽率在85％～90％的可适当增加播种量；发芽率在80％以下的则要更换种子。

精选种子：有条件的可用精选机，没有条件的可用筛选、风扬等方法将碎粒、瘪粒、杂物等清理出来。

播前晒种：播种前10天将种子摊在地上，厚度以5～7厘米为宜，连续晒2～3天，随时翻动，直到牙咬种子发响为止。一般不要在水泥地、铁板、石板、沥青路面等上面晒种，以防高温烫伤种子，降低发芽率。

药剂拌种：药剂拌种可控制地下害虫（蝼蛄、金针虫、蛴蝻）、种子和土壤带菌传播的病害及昆虫传播的丛矮病和黄矮病等。防治苗期白粉病和纹枯病可用15％三唑酮可湿性粉剂按麦种量0.2％药量干拌；防治小麦黑穗病可用50％多菌灵可湿性粉剂200克拌种100千克，拌种时先将药剂以少量水稀释，用喷雾器把药液喷到种子上，边喷边拌，堆闷5～6小时后播种。为防治地下害虫和苗期多种病虫害，每10千克麦种可用辛硫磷100克，兑水1千克拌种，堆闷3～4小时，晾干后干拌15％三唑酮（粉锈宁）200克。对小麦黑穗病、地下害虫及苗期多种病虫混合发生区，可采用杀虫剂、杀菌剂混合拌种，拌种用药量必须严格按照要求进行。

生长调节剂浸种：干旱和干热风常发区，每亩用抗旱剂加水1千克拌种，可刺激幼苗生根，有利于抗旱增产；高水肥地播种前用0.5％矮壮素浸种，可促进小麦提前分蘖，麦苗生长健壮，可有效预防小麦倒伏。

微肥拌种：在缺某种微量元素的地区，因地制宜，可用0.2％～0.4％磷酸二氢钾、0.05％～0.1％钼酸、0.1％～0.2％硫酸锌、0.2％硼砂或硼酸溶液浸种，有一定增产效果。此外，晚播小麦播前浸种催芽，可加速种子内营养物质分解，促进酶的活动，有利于早出苗、形成壮苗。

（2）小麦种子包衣 小麦种子包衣所用种衣剂不要和碱性农药、肥料同时使用，盐碱较重的土地上不宜使用包衣种子，否则容易分解失效。

7. 小麦高产关键栽培技术有哪些?

小麦高产栽培的管理技术要点：①抓好冬季管理。冬季小麦生育特点主要为长叶、长根、长蘖和完成春化阶段发育，管理任务是促进苗齐、苗匀、苗足，培育壮苗，实现合理群体，为麦苗安全越冬、春季生育良好打下基础。②加强春季管理。

返青、起身期主攻早返青，稳健生长，适当化控防倒，重施拔节肥水，浇透孕穗水，减少小花退化，提高结实率，增加穗粒数。③后期防早衰、防倒伏，促进粒重，改善品质，提高产量。形成的小麦高产关键栽培技术有：精量播种高产栽培技术、氮肥后移优质高产栽培技术、节水高产栽培技术、垄作栽培技术、优质小麦无公害标准化生产技术、黄淮海小麦/玉米轮作平衡增产技术等。

(1) 小麦精量播种高产栽培技术　该技术指在高产地力条件下的栽培技术，精播技术的基本苗较少，为每亩 8 万～12 万，群体动态比较合理，群体内光照条件较好，个体发育健壮，从而使穗足、穗大、粒重、抗倒、高产。精播高产栽培首先必须以较高的土壤肥力和良好的土、肥、水条件为基础，0～20 厘米土壤养分含量应达到以下指标：有机质含量 1%，全氮 0.084%，碱解氮 50 毫克/千克，速效磷 15 毫克/千克，速效钾 80 毫克/千克。其次要选择分蘖成穗率高、单株生产力高、抗倒伏、株型较紧凑、光合能力强、落黄好、抗病抗逆性好的品种。同时施足底肥、提高整地质量、坚持足墒播种、适期适量播种培育壮苗，创建合理群体结构，实现每亩基本苗 8 万～12 万，冬前分蘖数 60 万～70 万，年后最高总茎数 70 万～80 万，成穗数 40 万～45 万，多穗型品种达 50 万。

(2) 小麦氮肥后移优质高产栽培技术　氮肥后移技术适用于高产麦田，尤其是强筋小麦栽培。传统小麦栽培底肥一般占 60%～70%，追肥占 30%～40%；追肥时间一般在返青期至起身期。但有的在小麦越冬前浇越冬水时增加一次追肥，使氮肥重施在小麦前期，造成高产麦田群体过大，无效分蘖增多，小麦生育中期田间遮蔽，后期易早衰、倒伏，影响产量和品质，氮肥利用效率低。氮肥后移技术将一次性底施氮肥改为底施与追施相结合，底肥、追肥比例各 50%，土壤肥力高的麦田底肥比例 30%～50%，追肥比例为 50%～70%，同时将春季追肥时间后移至拔节期，土壤肥力高、采用分蘖成穗率高的品种的地方可移至拔节中期至旗叶露尖时。

这一技术可有效控制春季无效分蘖过多增生，塑造旗叶和倒二叶健挺的株型，单位土地面积容纳较多的穗数，开花后光合产物积累多，向籽粒分配比例大；促进根系下扎，提高土壤深层根系比重和生育后期根系活力，延缓衰老，提高粒重；提高籽粒蛋白质含量，改善小麦品质；减少氮素损失，提高氮肥利用率，减少氮素淋溶。

（3）小麦垄作高效节水栽培技术　传统小麦种植方式是田间土表平作。小麦垄作高效节水技术是在田间起垄，小麦种植在垄上，垄沟用于灌水施肥。与传统平作相比，该技术主要特点是：由大水漫灌改为小水沟内渗灌，提高了水分利用效率；采取沟内集中施肥，提高肥料利用效率；有利于田间通风透光，降低田间湿度，改善冠层小气候，抑制病害发生，促进小麦茎秆健康生长，抗倒伏能力增强；有利于发挥边行增产优势，有利于全年均衡增产；通过农机与农艺配套，可进行大面积推广应用。与传统平作技术相比，应用该技术可减少灌溉用水量 30%～40%，水分利用率由平作的 1.2 千克/米^3 提高到 1.8 千克/米^3 左右。施肥深度相对增加 10～15 厘米，肥料利用率提高 10%～15%，增加穗粒数、千粒重，增产 10%左右。

（4）优质小麦无公害标准化生产技术　无公害生产技术是实现小麦优质、高产、低成本、高效的生产性关键技术。根据不同地区生态和生产条件，分为强筋、中筋、弱筋三类小麦实施。采用该技术进行小麦生产，不仅节省肥料，提高肥料利用率，减少氮素流失，降低污染，提高农产品安全性，保护农田生态环境，实现农业可持续发展；而且可以提高小麦单产，改善品质，提高优质小麦品质的稳定性，增强国产优质小麦的市场竞争力，促进产业化开发，实现农业增效、农民增收。应用该技术，与传统的小麦高产栽培技术相比，每亩小麦平均增产 23.5 千克，化肥投入量降低 31.2%，农药有效成分用量降低 76.5%，防治费用降低 63.2%，少浇 1～2 次水，获得降氮节水降污、保证产量和品质的效果。

(5) 小麦/玉米轮作平衡增产技术 该技术以合理利用光、热、水、肥资源，实现小麦和玉米两种作物平衡增产增效为目标，将单一作物高产栽培技术优化整合，达到互补、综合的平衡增产效果的一项技术。具体做法为：根据播期早晚，考虑小麦、玉米品种搭配；玉米灌浆、小麦播种一水两用；玉米秸秆粉碎还田后进行小麦播种，适当增加播种量以保证适宜基本苗；小麦收获秸秆粉碎贴茬播种玉米，及时浇水促进出苗；做好小麦冬前、春季、后期的田间管理和玉米苗期、穗期、花粒期管理；根据小麦、玉米的需肥特点、产量水平、地力条件，合理配肥。与传统栽培方式相比，每亩减少灌水 40～80 米^3，节省氮肥 30% 以上，水分利用效率提高 10%～15%，小麦玉米两种作物累计每亩增产 50 千克左右。

8. 晚播小麦高产栽培技术包括哪些内容？

晚播小麦高产栽培技术是在小麦播期推迟情况下实现高产的栽培技术。晚播小麦成因主要有两种：①由于前茬作物成熟、收获偏晚，腾不出茬口而延期播种，形成晚播小麦。②由于墒情不足等雨播种或降雨过多推迟播期形成晚播小麦。晚播小麦冬前苗小、苗弱，春季生育进程快、时间短，穗粒数较少，春季分蘖成穗率高。晚播小麦栽培技术主要有：

一是增施肥料，以肥补晚。根据晚播小麦冬季生长发育特点以及春季起身后苗小、生长速度快、幼穗分化时间短，不宜过早进行肥水管理等原因，应加大施肥量，补充土壤有效养分，促进小麦多分蘖、多成穗，成大穗，创高产。一般亩产 250～300 千克麦田基肥亩施有机肥 1 000 千克、尿素 12 千克、过磷酸钙

40~50 千克；亩产 350~500 千克晚播麦田，亩施有机肥 2 000 千克、尿素 15 千克、过磷酸钙 40~50 千克。

二是选用良种，以种补晚。晚播小麦种植半冬性品种，阶段发育进程较快，营养生长时间较短，灌浆强度提高，容易达到穗大、粒多、粒重、早熟丰产的目的。

三是加大播种量，以密补晚。晚播小麦由于播种晚，冬前积温不足，难以分蘖，春生蘖虽然成穗率高，但单株分蘖显著减少，用常规播种量必然造成成穗数不足，影响单位面积产量。因此，提高合适的播种量，依靠主茎成穗是晚播小麦增产的关键。

四是提高整地播种质量，以好补晚。早腾茬，抢时早播；精细整地、足墒下种；精细播种，适当浅播；浸种催芽。

五是科学管理，促壮苗多成穗。包括返青期镇压划锄，促苗健壮生长；狠抓起身期或拔节期肥水管理；后期浇好开花灌浆水，防治蚜虫、白粉病等。

9. 小麦苗情如何诊断？

(1) 诊断依据　主要根据小麦植株外形特征进行诊断。

一看长相。包括基本苗数及其分布状况，叶片的形态和大小，挺举或披垂，分蘖的发生是否符合叶蘖同伸规律，分蘖消长和叶面积指数的变化情况是否符合高产的动态指标。

二看长势。就是植株及其各个器官的生长速度。在正常情况下，长势和长相是统一的，但在温度较高、肥水充足、密度较大而光照不足情况下，可能长势旺而长相不好；在土壤干旱或气温低时，又可能长相好而长势不旺。

三看叶色。由于生长中心的转移和碳氮代谢的变化，小麦不同生育阶段叶色呈现一定的颜色变化。苗期叶色深绿是氮代谢正常的表现。拔节阶段幼穗和茎叶生长都大大加快，需要碳水化合物较多，碳氮代谢为主，叶色变深绿。开花后主要是碳水化合物形成并向籽粒转运，叶色褪绿。叶色不同生育时期按照此规律变化即表明生长正常。如果叶色该深时不深，表明营养不足，生长不良。但叶色深浅因品种不同而有一定差异，诊断时应注意。

(2) 小麦苗期发黄诊断 小麦苗期长势弱、心叶小、根系差、叶片发黄、生长缓慢，其原因可能是：①整地粗放。应及时镇压，粉碎坷垃，或浇水中耕，踏实土壤，补施肥料，促使转绿壮大。②脱肥缺素黄苗。应在麦苗三叶期及时追施分蘖肥。③大播量稠密黄苗，应及时人工疏苗。④倒春寒小麦叶片发黄，应依据苗情、墒情加强肥水管理。⑤麦苗悬根导致黄苗，秸秆还田结合增施氮肥、播前早墒、播后镇压等措施。⑥虫害造成的黄苗应在拔节前后喷药防治。

10. 小麦氮素营养与诊断技术有哪些？

小麦缺氮素时植株生长缓慢，个体矮小，分蘖减少；叶色褪绿，老叶黄化，早衰枯落；茎叶常常红色或紫红色；根系细长，总根量减少；幼穗分化不完全，穗形较少。防治措施主要是培肥地力，提高土壤供氮能力；在大量施用碳氮比高的有机肥料如秸秆时，应配施速效氮肥；翻耕整地时配施适量氮肥做基肥；对于地力不匀引起的缺氮症，应及时追施氮肥。

小麦氮过剩时植株长势过旺，引起徒长；叶面积增大，叶色加深，造成郁蔽；机械组织不发达，易倒伏，易感病虫害，减产严重，籽粒品质变劣。防治措施主要是根据作物不同生育期需氮特性和土壤供氮特点，适时、适量追施氮肥，控制用量，避免追肥过晚；合理轮作基础上以轮作为基础，确定适宜施氮量；合理配施磷、钾肥，维持植株体内氮、磷、钾平衡。

11. 小麦遇到冻害怎么办？

一是因苗施肥。对于冬季受冻麦田，应于返青期利用墒情较好、土壤返浆时机，每亩追施复合肥 10～15 千克，促分蘖发生和小蘖成穗。早春应及时耕作，提高地温，促进麦苗返青。春季受冻麦田应分类管理。冻害轻的麦田，以促进温度提高为主，产生新根后再浇水；冻害重的麦田可以早浇水、施肥，防止幼穗脱水死亡。幼穗已受冻麦田，应追施速效氮肥，亩施硝酸铵 10～13 千克或碳酸氢铵 20～30 千克，并结合浇水、中耕松土，促进受冻麦苗尽快恢复生长。

二是清沟理墒。降低地下水位，及时养护根系，增强其吸收能力，保证叶片恢复生长和新分蘖发生及成穗所需养分。

三是中后期肥水管理。受冻小麦由于养分消耗较多，后期容易发生早衰，在春节追肥的基础上，应根据麦苗生长发育状况，在拔节期或挑旗期适量追肥，普遍用磷酸二氢钾叶面喷肥，促进穗大粒多，提高粒重。

四是加强病虫害防治。小麦受冻害后，自身长势衰弱，抗病能力下降，易受病菌感染。应随时依据地方植保部门测报进行药剂防治。

12. 小麦主要病害及其防治措施有哪些？

(1) 主要病害　小麦病害主要分为真菌病害，包括小麦锈病、白粉病、纹枯病、赤霉病、茎基腐病（图 3-左）等；细菌病害主要包括细菌性条斑病、黑节病等；病毒病害包括土传花叶病毒病、黄矮病毒病、丛矮病等；线虫病害主要包括禾谷胞囊线虫病、根腐线虫病等；生理病害包括缺素症、旺长、湿害、冻害（图 3-右）等。

图 3 小麦茎基腐病（左）和小麦冻害（右）

（2）防治方法

小麦条锈病： 是由条锈菌引起的一种真菌性病害，主要危害小麦叶片，严重时侵染穗部。发病时出现金黄色条锈孢子堆组成的病斑，破坏叶肉组织，影响光合作用进而减少籽粒产量。可在苗期发病也可在成株期发病。药剂防治小麦条锈病应选用内吸性杀菌剂如三唑酮（粉锈宁）。用三唑酮对种子进行拌种，可显著减少苗期条锈病的发生和危害。

小麦白粉病： 自幼苗至抽穗均可发生，主要危害叶片，也危害茎和穗。防治方法：①种植抗病品种。②麦收后及时灭茬翻耕，消灭自生麦苗，减少越夏菌源。③合理密植，合理施肥。④抓好药剂防治，当田间出现病叶时，每亩可选用15％三唑酮可湿性粉剂75克或20％三唑酮乳油50毫升兑水喷雾防治，连治1～2次。

小麦赤霉病： 小麦赤霉病菌在抽穗开花时入侵危害小穗，抽穗扬花期的雨日、雨量和相对湿度是决定病害流行的重要因素。该病害主要发生在穗期，引起穗腐。穗腐在小麦扬花期出现，最初在颖壳上出现边缘不清晰的水渍状褐色斑，逐渐扩大到整个小穗，小穗随后枯黄。湿度大时，病斑处产生粉红色胶状霉层，后期其上产生密集的黑色小颗粒。小穗发病后扩展至穗轴，病部枯竭，使被害部以上小穗形成枯白穗。该病防治最佳时期为抽穗扬花期，若扬花期多雨高湿应抓紧喷药，每亩用 50％多菌灵或 70％甲基硫菌灵可湿性粉剂 100 克进行防治。

小麦纹枯病：小麦纹枯病为土传真菌病害，对土壤湿度比较敏感，高湿条件下容易发生和流行，尤其是小麦群体过大、田间郁蔽、偏施氮肥的田块，纹枯病发生较重。防治措施为：①选用并种植抗病品种。②药剂拌种。选用 2％戊唑醇或 20％三唑酮进行药剂拌种，预防病害发生。③加强田间管理，并在关键时期及时防治。合理运筹肥水，增施磷、钾肥，提高植株抗病能力；并在春季 2 月底至 3 月初间隔 7～10 天喷药防治。小麦生育后期进行叶面药肥混喷，增强植株抗病能力，减轻病害的损失。

小麦全蚀病：小麦全蚀病是一种根腐和茎腐性病害，由比较严格的土壤寄居菌引起。防治方法：①无病区加强检疫，防止病害传入。②新病区采取扑灭措施，进行深翻改土，改种非寄主作物，老病区采取稻麦轮作，控制病害蔓延。③药剂防治，病田在小麦拔节期采用 15％三唑酮可湿性粉剂或 20％三唑酮乳油兑水喷施。

13. 小麦主要害虫及其防治措施有哪些？

（1）主要害虫
小麦主要害虫有麦蚜、小麦吸浆虫、麦蜘蛛及地下害虫等。
（2）防治方法
麦蚜：麦蚜主要有麦长管蚜、黍蚜、麦二叉蚜。从小麦苗期至穗期都有危害，以穗期危害对产量影响最大。苗期蚜株率达 40％～50％，平均每株有蚜 4～5 头时进行防治，穗期蚜穗率达 15％～20％，平均每株有蚜 10 头以上时喷雾防治，可用 25％氰戊·乐果、25％氰戊·辛硫磷结合防治麦黏虫。单防治麦蚜可选用 50％抗蚜威可湿性粉剂兑水喷雾。

小麦吸浆虫：主要有红吸浆虫和黄吸浆虫，最佳防治时期为蛹期和成虫期。蛹期防治：土壤查虫每取土样方（10 厘米×10 厘米×20 厘米）有 2 头蛹以上就要防治。防治方法是每亩用 5% 毒死蜱 600～900 克拌细土 20～25 千克，顺麦垄均匀撒施；或亩用 40% 辛硫磷乳油 300 毫升，兑水 1～2 千克，喷在 20 千克干土上，拌匀制成毒土撒施在地表，施药后及时浇水，提高防效。成虫期（小麦扬花至灌浆期）防治：拨开麦垄见 2～3 头成虫时进行药剂防治。亩用 40% 辛硫磷乳油或菊酯类药剂，兑水后于傍晚喷雾防治，间隔 2～3 天连喷 2～3 次。

麦蜘蛛：主要在春秋两季危害麦苗。被害麦叶面出现黄白小点，植株矮小，发育不良，重者干枯死亡。防治方法：①选用轮作换茬，合理灌溉，麦收后翻耕灭茬，降低虫源。②药剂防治，当小麦百株虫量达 500 头，用 48% 毒死蜱乳油兑水喷雾防治。

地下害虫：危害小麦的地下害虫主要有蝼蛄、蛴螬、金针虫等。防治方法：①农业防治。麦田发生金针虫时适时浇水，可减轻危害。农田深耕、产卵化蛹期中耕除草，将卵翻至土表暴晒致死。②物理防治。蝼蛄、蛴螬、金针虫的成虫具有较强的趋光性、飞行能力强，可在田间地头设置黑光杀虫灯诱杀成虫。③化学防治。可用辛硫磷乳油、溴氰菊酯乳油等兑水拌种或用种衣剂拌种后播种；可撒施毒土，用 40% 辛硫磷乳油兑水拌细土或细沙顺垄撒施后浇水，或在根旁开浅沟撒入药土；可进行毒液灌根，用 50% 辛硫磷兑水顺麦垄喷浇麦根处，兼治蛴螬和金针虫。

14. 如何预防小麦倒伏？

（1）倒伏类型及其防治　小麦倒伏类型分为根倒和茎倒，以茎倒为常见。根倒是根系入土浅或土壤过于紧密产生龟裂折断根系，造成根部倒伏；茎倒是由于茎基部组织柔弱，第一、第二节间过长，重距偏高，头重脚轻引起倒伏。倒伏的原因比较复杂，多因栽培管理不当，品种抗倒性差所致。因此，预防倒伏首先选用抗倒品种，合理密植，改善田间通风透光条件；其次是提高整地、播种质量，促根下扎；第三是对旺长麦苗采取冬前中耕，增施钾肥，氮肥后移等措施进行有效控制。

（2）**化控防倒伏**　可选用多效唑、矮壮素、助壮素等进行防止小麦倒伏。一般于小麦起身期每亩喷洒浓度为 0.2 克/千克多效唑溶液 30 千克，可使植株矮化、增强抗倒伏能力，兼治小麦白粉病，提高植株氮素吸收。对群体过大、长势旺的麦田，可在拔节初期每亩喷 0.15%～0.3% 矮壮素溶液 50～70 千克，可有效抑制节间伸长，植株矮化，茎基部粗硬，从而防止倒伏。拔节期每亩用助壮素 15～20 毫升兑水叶面喷洒，可抑制小麦节间伸长，防止后期倒伏。

（3）**麦田倒伏后的应对**　小麦出现倒伏后，应利用植物背地性曲折的特性自行曲折恢复直立，切忌采取扶麦、捆把等措施，以免破坏搅乱其倒向，使小麦节间本身背地性曲折特性无法发挥。若因风雨造成的倒伏，雨过天晴后可在麦穗上用竹竿分层轻轻挑动抖落秆上的雨水。可采用叶面喷肥 2～3 次，同时清沟防渍降低田间和棵间湿度，减少损失。灌浆期倒伏，可轻挑抖落雨水，然后喷施磷酸二氢钾。雹灾后重点搞好叶面喷肥，增强叶片吸收养分和光合作用能力。

15. 小麦干热风防治技术有哪些？

干热风是指小麦生育后期由于高温、低湿并伴随大风使小麦减产的一种气象灾害。常出现在小麦灌浆中、后期，尤其是灌浆中期危害最大，轻者减产 5% 左右，重者减产 10%～20%。防御干热风必须采取综合措施，即抓好"改、躲、抗、防"四条措施。改：即改变农业生产条件，改善农田小气候，建设成为高产、稳产农田。躲：就是选用早熟高产品种，采用适时早播等栽培措施，促使小麦提早成熟，躲灾以减轻干热风危害。抗：就是选用抗旱、抗病、抗干热风能力强、落黄好的优良品种，抗御干热风危害。防：就是在干热风来临之前，采取有效防御措施，包括避免氮肥施用超量、增施有机肥和磷钾肥、孕穗灌浆期喷施磷酸二氢钾等。

16. 什么是小麦"一喷三防"？

小麦抽穗到收获阶段，主要病虫害有白粉病、条锈病、赤霉病、叶枯病、颖枯病、麦蚜、吸浆虫等，为确保小麦丰收，病虫害应立足同时防治。

(1) 小麦抽穗扬花前及时喷药防治吸浆虫、预防赤霉病 抽穗扬花前是小麦吸浆虫成虫羽化产卵高峰，也是感染赤霉病的关键时期，可用70%甲基硫菌灵可湿性粉剂＋4.5%高效氯氰菊酯乳油喷雾，起到治虫防病的双重效果。

(2) 灌浆期混合施药，防治麦蚜、预防病害、促进灌浆 灌浆期是提高小麦产量的关键时期，同时也是麦蚜、白粉病、叶锈病等病虫害发生的盛期，当百穗有蚜虫800头时应及时喷药防治，可用10%吡虫啉可湿性粉剂1 000倍液，或1.8%啶虫脒乳油2 000～3 000倍液＋12.5%烯唑醇可湿性粉剂2 000～3 000倍液，或25%三唑酮可湿性粉剂1 000～1 500倍液＋0.2%磷酸二氢钾混合喷雾，间隔7～10天再喷一次。

(3) 灌浆后期预防叶枯病、颖枯病、干热风 小麦灌浆后期易受叶枯病、颖枯病、干热风危害，可用50%多菌灵可湿性粉剂500倍液加0.2%磷酸二氢钾混合喷雾预防。

17. 如何预防小麦早衰并适时收获？

(1) 预防早衰 ①及时浇灌浆水。灌浆水对延缓小麦后期衰老、提高粒重有重要作用。一般应在小麦开花后 10 天左右浇灌浆水，以后视天气情况再浇水。②防治病虫害。小麦生育后期尤其是高产田块常发生病虫危害，一般有白粉病、锈病、赤霉病、叶枯病、蚜虫、小麦黏虫等危害，如不能及时防治会大幅度降低小麦千粒重和内在品质。③喷施叶面肥。小麦抽穗期和灌浆期叶面喷施微肥或生长调节剂，能延长功能叶的寿命，提高光合能力，增加粒重。④适时收获。一般在蜡熟末期收获为佳。

（2）适时收获依据 小麦籽粒成熟分为糊熟、蜡熟和晚熟三阶段，籽粒灌浆经历由快转慢到停止，含水量急剧下降，蜡熟中期籽粒体积开始缩减，灌浆接近停止，到蜡熟末期，籽粒呈蜡质硬度，干重达最大值，以后随收获时间的延迟，粒重转而下降。

（3）适时收获标准 ①关注小麦穗及籽粒含水量。当小麦籽粒含水率下降到28%左右时，小麦进入最佳收获时期。②植株形态观察。在麦田，从总体观察，全田植株已经变黄；分部位看时，各叶片已经枯黄（包括倒二叶）但旗叶尚未干枯，基部约占1/4微带绿色，茎秆枯黄但仍有弹性；麦穗及穗下茎变黄，最上一个节及临近叶鞘微带绿色，整个植株呈黄、绿、黄三段时为小麦最佳收获适期。③籽粒脱颖率。在小麦近熟期取 1～3 个麦穗在掌中揉搓几下，观察其脱颖率。一般开花后 25 天，籽粒脱颖率为 10%左右；花后 30 天脱颖率在 40%～55%；近熟时籽粒脱颖率在 60%以上，当脱颖率在 70%～85%时，粒重最大，为小麦的最适收获期。小麦适收期很短，麦收前应做好充分准备，按照品种成熟早晚，做到科学安排、先后有序。

18. 小麦玉米两作超吨粮田关键配套技术是什么？

吨粮是指在一个生产年度，单位土地面积（亩）粮食产量达到或超过 1 000 千克的生产指标。我国北方地区年均温度大于

12.5℃，小麦收获期在 6 月 8~10 日，玉米播种不迟于 6 月10~15 日，都可实行小麦-玉米两作栽培，具体关键技术包括：抓好小麦播前准备、规范播种、查苗疏密补稀、冬前管理、春季管理、后期管理与麦收后直播玉米、玉米苗期管理、拔节期管理、后期管理及玉米收获等技术环节。

（1）小麦播前准备 小麦播种期时间紧迫，应抓好以下关键，首先是全面推行玉米秸秆还田技术，利用秸秆还田机械或化学药剂（如秸秆腐烂剂）腐烂秸秆技术，达到省工省时，培肥地力；其次是重施基肥，亩施有机肥 3 000~4 000 千克基础上，亩施尿素 20 千克、磷酸二铵 20 千克；第三是防治地下害虫；第四是深耕 20~25 厘米，并耙耱成垄，平整成畦。

（2）规范播种 精细整地条件下，选择适合当地生态条件的优良高产小麦品种，并进行药剂拌种，确保一播全苗；适期适量播种，并及时查苗补种，确保苗齐、苗匀。

（3）抓好冬前管理保证小麦壮苗越冬 该阶段是促小麦根系发育、分蘖发生、保证个体健壮的关键时期，应因地、因苗采取促、控技术，实现壮苗越冬。

（4）狠抓春季管理实现穗大粒多 春季小麦穗分化时期是保证充足的穗数、穗粒数实现高产的关键阶段。关键措施有：①及早中耕除草，促早返青。②合理运筹肥水，协调群体结构。春节是小麦高产关键时期，应加强肥水管理，促进幼穗发育。③综合防治病虫害。春节随温度升高，麦田病虫害相继发生侵染，做好预测预报并采取综合防治技术，防治小麦病虫害发生与流行。④浇好孕穗水。孕穗水对促进小麦幼穗发育，增加粒数和粒重至关重要。

（5）麦田后期管理 小麦后期加强"一喷三防"，防治小麦吸浆虫、麦蚜、锈病，同时合理灌水，防止后期脱肥早衰，并进行玉米良种准备。

（6）小麦收获与玉米直播 小麦适期收获，并选用中早熟优良品种及时早播玉米。

（7）**夏玉米苗期管理**　麦收后加强玉米苗期管理，早施促苗肥，早浇促苗水，早防病虫害，及时定苗、中耕除草，促进玉米苗期生长。

（8）**夏玉米拔节期管理**　重施拔节肥水、中耕培土、及时防治玉米螟等病虫害。

（9）**夏玉米后期管理**　后期是玉米籽粒形成的重要时期，管理技术应做到：保证后期水分充足；隔行去雄、人工授粉；叶面喷肥，促进籽粒发育，适时收获。

二、 玉米

19. 玉米有哪些分类？

玉米在长期的栽培过程中，由于人类的定向培养以及对环境适应的变异，形成了一个庞大的家族体系。在植物学分类上，玉米属于禾本科玉米属玉米种。按玉米的植物学特征和生物学特性，玉米可进行如下分类：

(1) 按籽粒形态

硬粒型： 果穗多为圆锥形，籽粒坚硬，顶部圆形，有光泽，籽粒顶部和四周的胚乳都是角质胚乳，仅胚乳中心才有一小部分为粉质胚乳。籽粒以黄色居多。硬粒品种具有品质好、早熟、产量较低而稳、适应性强等特点（图4）。

马齿型： 果穗为圆柱形，籽粒较大呈扁平方形或扁平长形，籽粒两侧为角质胚乳，中间和顶部为粉质胚乳，成熟时籽粒顶部凹陷呈马齿状。粒色以黄色为主。马齿型品种品质较差，但产量潜力大，是栽培品种的主要类型。

半马齿型： 是硬粒型和马齿型的杂交种衍生而成，果穗长锥形或圆柱形，粒型和胚乳淀粉类型介于硬粒型和马齿型之间。与马齿型比较，籽粒顶端凹陷不明显或显白顶。品质较好，产量较高，生产上应用的品种也较多。

(2) 按质感

糯质型： 也叫蜡质型玉米或黏玉米。籽粒表面无光泽，角质和粉质层次不分，胚乳淀粉全部由支链淀粉组成，具有黏性，较适口。

粉质型： 也叫软质型玉米。籽粒无角质淀粉，全部由粉质淀粉组成，形状像硬粒型玉米。

甜质型： 籽粒几乎全部为角质透明胚乳，含糖量高，品质优良，脱水后皱缩。

爆裂型： 籽粒小，坚硬，光滑，顶部尖或圆形。胚乳几乎全部由角质淀粉组成，加热后有爆裂性。

硬粒型　　　　　　　马齿型　　　　　　　半马齿型

图 4　不同类型玉米籽粒

（3）按植株形态　按植株高度分为高秆型（植株高于 2.5 米）、中秆型（株高 2～2.5 米）和矮秆型（株高 2 米以下）。

（4）按叶片伸展的角度分类　按叶片伸展角度的不同，可以将玉米分为平展型和紧凑型、半紧凑型三种植株类型。平展型植株株型高大，叶片较宽，叶片多，穗位以上各叶片与主秆夹角平均大于 35°，宜稀植；紧凑型玉米，植株紧凑，叶片斜举上冲，穗位以上各叶片与主秆夹角小于 15°，透光性好，群体叶面积指数高，生物产量和经济系数高，且单位面积可以截获更多的光能，增产潜力显著，是目前高产玉米杂交种的主要类型；半紧凑型，株型介于紧凑型和平展型之间。

（5）按生育期分类

早熟品种： 春播生育期 70～100 天，要求积温 2 000～2 200℃，株矮、秆细，14～17 片叶，果穗多为短锥形，籽粒小，千粒重 0.15～0.25 千克，夏播生育期为 70～85 天，积温 1 800～2 100℃。

中熟品种： 春播生育期 100～120 天，积温约为 2 300～2 600℃，18～20 片叶，果穗中等大小，千粒重 0.2～0.3 千克。夏播生育期 85～95 天，积温 2 100～2 200℃。

晚熟品种： 春播生育期 120～150 天，积温在 2 600～2 800℃，植株较高大，22～25 片叶，果穗较大，千粒重 0.3 千克左右。夏播生育期 96 天以上，积温 2 300℃以上。

20. 玉米杂交种有哪些类型？杂交种为什么不能种第二代？什么是转基因玉米？

(1) 玉米杂交种 就是用两个或两个以上性状优良、遗传性差异大的玉米自交系或品种进行杂交，所得的后代就是杂交种。玉米杂交种具有明显的杂种优势：①产量高，增产幅度大。杂交玉米只要组合选择得当，栽培方法适宜，在相同条件下，产量比普通品种增产 20%～30%，甚至更多。②抗逆性强，适应性广。玉米杂交种具有抗病、抗倒、耐旱、耐瘠、适应性强等优点，是任何农家品种不能相比的。③生长健壮，整齐一致。普通玉米品种，在同一品种内的不同株间，无论是株高、株型、穗位、抽穗期或果穗的大小、穗型、粒型等都参差不齐。杂交种则比较整齐，且茎秆粗壮，根系强大，因此不仅能提高单位面积产量而且稳产。

(2) 杂交种的类型

单杂交种 （简称单交种）：是由两个优良玉米自交系组配而成的杂交种，在种子生产上要把作母本的雄穗在开花之前拔去，这样母本果穗上结的种子完全是由父本提供的花粉，从这种母穗上收获的种子就是生产上用的杂交种。玉米单交种第一代群体的基因型具有整齐一致的异质性，长出的植株表现为整齐一致，看上去株高、穗位近乎在一个水平面上，果穗的大小也很均匀，一个优良的玉米单交种所表现的杂种优势明显高于其他类型的杂交种。但是，一般来说，单交种也要求比较高的肥水条件，在山区的旱薄地上，难以发挥出它的增产潜力。

三杂交种（简称三交种）：是由 1 个单交种和 1 个自交系杂交产生的杂交种。在种子生产上一般以单交种为母本，以自交系为父本，因为单交种作为母本会产生比较多的杂交种子，降低了种子生产的成本。三交种的整齐度不如单交种，但一个优良的三交种具有比单交种更好的适应性和抗逆性，也会获得比较高的产量。目前，育种工作者大都把主要精力放在选育单交种上，三交种在生产上应用面积并不大。

双杂交种（简称双交种）：是由两个单交种杂交而成的杂交种。在种子生产上其父、母本都是单交种，同样具有产种量高的优势，但增产潜力不如优良的单交种。双交种的种子生产程序比较复杂，因为它的父母本是单交种，涉及 4 个玉米自交系，即先要配成两个单交种后才能配双交种。目前生产上已经很少种植。

品种与自交系间杂交种（简称顶交种）：此品种是以优良的农家品种为母本，以玉米自交系作父本组配而成。现今生产上利用的顶交种，已在原有的概念上有所扩大，组配的方式有综合品种作为母本，自交系作为父本配成顶交种；也有把玉米单交种作为母本，以综合品种作为父本配成顶交种。除了上面介绍的杂交种类型以外，在生产上种植的还有综合品种和一些优良的农家品种。

（3）杂交种不能种第二代 玉米杂交种只有第一代才能表现出强大的杂种优势，表现为生长整齐健壮、抗性强和显著增产。杂交种第一代植株所产生的种子，即为杂交种第二代，以后各代成为杂交种后代，有些地方叫做越代种。越代种子用于生产，长出的植株极不整齐，在遗传上表现出分离现象，导致减产。减产的多少因杂交种类型不同而异。杂种优势愈大，其后代减产愈显著。反之，杂种优势较小，其后代减产程度也就比较小。

（4）转基因玉米　就是利用现代分子生物技术，把种属关系十分遥远且有用植物的基因导入需要改良的玉米遗传物质中，并使其后代体现出人们所追求的具有稳定遗传性状的玉米。转基因技术是生产转基因玉米的核心技术，是利用DNA重组技术，将外源基因转移到受体生物中，使之产生定向的、稳定遗传的改变，也就是使得新的受体生物获得新的性状。自转基因玉米问世以来，虽然它的某些改良性状可以符合人们的要求，但是它的安全性仍然饱受争议，科学家及各国政府也对转基因玉米持有不同态度。我国至今还没有批准转基因玉米用于商业化生产。

21. 适宜机械化粒收的玉米品种应具备哪些特征？

玉米籽粒直收是我国玉米实现全程机械化的关键环节，是今后玉米生产方式转变的主要方向。与人工收获相比，机械化籽粒收获的效益十分明显，能够大量节约日益紧张的劳动力。但是，并不是所有的玉米品种都适合做籽粒收获的品种。有些品种在特定的年份和地区可以进行籽粒收获，并不代表其具有稳定性和广泛性。真正适合籽粒直接收获的品种必须具有以下基本特征：

（1）生育期短，成熟时籽粒含水量低　研究表明，籽粒含水率20％左右收获破碎率最低。而缩短生育期，可以给玉米后期的站秆、脱水留足时间。

（2）后期抗倒伏能力强　适宜籽粒直收的玉米品种，最重要的特性就是品种要高抗倒伏，茎秆坚韧并且有弹性。成熟后，直立性越好越适宜机械收获。

（3）脱水速度快　玉米的脱水速度指的是在玉米籽粒成熟（黑层出现）之后的脱水速度。由于玉米种质资源的差异，在玉米正常成熟后，籽粒脱水速度的差异非常大。

（4）**适宜密植** 降低株高，上部叶片要少、短、窄、薄、稀，增加植株通透性，提高种植密度，达到增加单位面积籽粒产量和降低机械能耗的目的。

（5）**抗性强** 满足玉米籽粒直收品种必不可少的条件尽量是不掉穗子，要求品种首先抗青枯病能力要强，其次要抗大斑病、小斑病，不能早衰。所有品种必须芽势强，种子活力强，这样才能确保苗齐苗全苗壮。

（6）**易脱粒，破碎率低** 穗轴细长，坚硬，苞叶少薄，长短恰到好处，后期蓬松、落黄，利于后期脱水。破碎率高不仅降低玉米等级和销售价格，而且导致收获产量下降，增加安全贮藏的难度。

22. 玉米不同生育时期有哪些特点？玉米营养生长和生殖生长的区别是什么？

（1）**生育时期的划分** 玉米从播种到新的种子成熟，叫做玉米的一生，它需要经过若干个生育阶段和生育时期，才能完成其生活周期。玉米一生中，由于自身量变和质变的结果及环境变化的影响，不论外部形态特征还是内部生理特性，均发生不同的阶段性变化，这些阶段性变化，称为生育时期。国内常用的各生育时期及鉴别标准如下。

出苗期： 播种后第一真叶展开的日期。这时幼苗高度达到2～3厘米。

三叶期： 第三片叶露出2～3厘米，是玉米离乳期。

拔节期： 植株近地面手摸可感到有茎节，茎节总长达到2～3厘米，称为拔节。此时，叶龄指数30%，雄穗生长锥开始伸长。拔节期标志着植株茎叶已全部分化完成，将要开始旺盛生长，植株生长由根系为中心转向茎、叶为中心，同时生殖生长开始，是玉米生长发育的重要转折时期。

大喇叭口期：该时期有 5 个特征：①棒三叶（果穗叶及其上、下两叶）开始甩出但未展开。②心叶丛生，上平、中空，侧面形状似喇叭。③雌穗进入小花分化期，雄穗进入花粉母细胞减数分裂期。④最上部展开叶与未展叶之间，在叶鞘部位能摸出发软而有弹性的雄穗。⑤叶龄指数 60% 左右。大喇叭口期是玉米将进入需水、需肥强度最大期的重要标志，是玉米一生施肥、灌水最重要的管理时期。

抽雄期：雄穗尖端从顶叶露出时，称为抽雄。此时，叶片全部可见，叶龄指数达到 90%～100%，茎基部节间长度和粗度基本固定，雄穗分化已经完成。

吐丝期：雌穗花丝自苞叶抽出。正常情况下，玉米吐丝期比雄穗开花期迟 1～3 天或同步，如抽雄前 10～15 天遇干旱，则两者间隔天数增多，严重时会遇到花期不遇，影响授粉受精，果实结实不良。吐丝后植株营养生长基本结束。

籽粒建成期：自受精期 12～17 天，是籽粒分化出胚根、胚茎、胚芽的时期。籽粒呈胶囊状，圆形，胚乳呈清水状；籽粒干重不足最大值的 10%。此期是决定穗粒数的关键时期；该期结束，籽粒已具有发芽力。

乳熟期：籽粒开始快速积累同化产物，一般在吐丝后 25～30 天。植株果穗中部籽粒干重迅速增加并基本建成，胚乳呈乳状后至糊状。

蜡熟期：籽粒开始变硬，一般在吐丝后 35～40 天。植株果穗中部籽粒干重接近最大值，胚乳呈蜡状，用指甲可以划破。

完熟期：植株籽粒干硬，籽粒基部出现黑色层，乳线消失，并呈现出品种固有的颜色和光泽。一般在吐丝后 45～60 天。

(2) 玉米不同生育时期特点

苗期：苗期是发芽、生根、分化茎叶为主的营养生长时期，此期幼苗主要生育特点是根系生长迅速，从出苗到拔节前即可形成强大的根系群。但与此相反，地上部茎叶生长比较缓慢。因此，这一时期的田间管理应积极促进与适当控制相结合，为玉米幼苗创造适宜的生长条件而满足其对水分和养分的要求。促进根系生长，适当控制地上部生长，达到苗全、苗齐、苗匀、苗壮，为后期生长发育奠定良好的基础。

穗期： 穗期是指从拔节到抽雄的一段时期。此期是营养生长和生殖生长的并进时期。拔节后，茎秆中上部的腋芽生长锥分化为雄穗。在这段时期，根、茎、叶等营养器官生长非常茂盛，体积迅速扩大，干重急剧增加。到抽雄时，全部叶片都已伸出，90％以上的叶片已展开，茎秆生长很快，每天可伸长 5～10 厘米。大喇叭口期伸长最快，可达 15 厘米左右，茎干重日增 2 克左右。穗期是玉米一生中生长发育最快的时期，器官间养分争夺激烈，群体和个体矛盾日益突出，是田间管理的关键时期。田间管理的目标是控秆、促穗，为实现植株秆粗、穗大、粒多打下基础。

花粒期： 从抽雄到成熟为花粒期。此期生育特点是：根、茎、叶停止增长，玉米植株进入以结实为中心的生殖生长期。此期管理的重点是：保护和延长根、茎、叶的功能期，防止青枯早衰，达到粒大、粒饱，争取粒重的目的。

玉米开花期要求的平均温度为 24～26℃，此期是玉米一生中要求温度较严格的时期。当温度高于 32～35℃及空气相对湿度接近 30％时，散粉 1～2 小时，花粉即迅速干枯、失去发芽力，从而影响授粉、受精；温度较低则花期延长。

籽粒灌浆期要求日平均气温 20～24℃，温度低于 16℃或超过 25℃，都会影响淀粉酶活性，使养分的运转积累受到阻碍，籽粒迅速失水、提前成熟，导致籽粒皱缩不饱满，严重影响产量。此期昼夜温差大，有利于干物质积累提高籽粒干重。玉米花粒期耗水量大，籽粒的生长及有机物质的合成运输都需要有充足的水分，故应注意浇水，土壤湿度保持田间持水量的 70％～80％为宜。

(3) 玉米营养生长和生殖生长的区别 玉米一生按其形态特征、生育特点和生理特性，可分为营养生长阶段、营养生长和生殖生长并进阶段、生殖生长阶段。营养生长是指根、茎与叶的生长。生殖生长阶段是指从抽雄开始，经过开花、授粉、灌浆、结实直至成熟。

营养生长与生殖生长并进阶段，从生育角度是从拔节到抽雄前，从营养器官建成角度正处于结实器官分化形成期，此期历时20～25天。生育特点是茎节迅速伸长、叶片增大、根系继续扩展，干物质积累迅速增加，同时雄穗和雌穗强烈分化，即由单纯的营养生长阶段向以生殖生长为主的阶段转化。

营养生长和生殖生长之间的关系应该是协调统一的。生殖器官所需的养分大都是由营养器官制造、供给，协调好两者的关系，就可以获得高产。一般来说，在营养生长阶段，要掌握好促、控的原则，使营养生长良好、茂盛，但不能过旺。若营养生长过头，营养体消耗了大量的养分，就削弱了生殖器官的生长，结果使果穗发育受到限制，就不能获得高产。如果在营养生长时期肥料不足，营养体生长瘦小，得不到壮苗、健株，在生殖生长早期穗分化受阻，得不到大穗、多粒，在生殖生长后期，单穗粒重将大大降低。

23. 玉米生长发育对环境有什么要求？

玉米的生长发育需要光、温、水、肥等条件，这些环境因素充足、合适与否在很大程度上决定了玉米生长发育的好坏。

(1) 温度 玉米喜温，对温度很敏感，生育期内温度高低对玉米影响很大。玉米不同器官在生育期内对温度的要求是有差异的。胚芽鞘12℃开始生长，12～30℃气温越高生长越快，30℃达到极限。根系在12～26℃气温越高生长越快。玉米抽雄开花时期要求平均温度在25～28℃，这是玉米一生中要求温度最高的时期，当温度高于 35℃，大气湿度接近 30% 时，花粉在 1～2 小时内失去生活力。玉米籽粒形成和灌浆期间仍要求较高的温度。成熟以后则逐渐降低，以利于干物质积累。抽雄到完全成熟，要求日平均气温为 22～24℃。

(2) 光照 光是玉米合成有机物质的能量来源，没有光照玉米就不能生长，通常玉米在强光照射下能生长健壮，产量较高。当夏季阴雨连绵，光照不足，或植株密度过大互相遮阴时，光合生产率下降，植株得不到充足营养而发育不良，表现为茎叶发黄、植株纤细、抗倒折能力下降、易感染病害、产量降低。除光照强度外，日照时数也是影响玉米生长发育的重要因素。玉米出苗后，持续处于短日照条件下，就会使植株变矮，生育期缩短；反之，处于长日照条件下，会使茎节数目和叶片数增加，节间变长，植株高大，生育期变晚。

(3) 水分 玉米在整个生育期内各阶段对水分的要求是有差别的。种子萌发吸胀需水量占种子绝对干重的 48%～50%（种子干重的 35%～37%）。在土壤中发芽，播种深度的水分有 60% 的持水量，就可以满足玉米发芽出苗。苗期需水量少一些，适当控水还可以起到蹲苗作用。玉米一生在抽雄前 10 天到开花后 20 天，对水分要求最多、最敏感，约占全生育期蓄水量的 1/3，平均每昼夜每亩耗水 3～4 米³，若水分不足则难以抽雄造成严重减产。玉米受精到乳熟期，也需要较多水分，否则会影响受精、籽粒饱满度和粒重。

(4) 矿质营养 玉米的一生，需要碳、氢、氧、氮、磷、钾、钙、镁、硫、铁等二十多种元素，并通过光合作用合成糖进而转化为蛋白质、脂肪、淀粉、纤维素等有机化合物，满足植物体的不同需要。这些元素中，碳、氢、氧三种元素是从空气和水中获得，在灌溉及时的情况下，不会影响作物生长发育。其余多种元素，由作物从土壤中吸取，其中氮、磷、钾需求量最大（图 5）。

图 5　不同肥料组合对玉米生长发育和产量的影响

24. 玉米品种布局和搭配应掌握哪些原则？玉米引种应考虑哪些因素？

(1) 玉米品种布局与搭配原则

一是有利于玉米的高产、稳产和均衡增产。在推广品种时，应充分考虑利用当地的自然条件和生产条件，使早、中、晚熟品种和适应性不同的品种配套，以保证获得最大幅度的增产效果。如在水利条件较好、土壤肥力较高的地区，安排种植耐肥水的高产品种；在丘陵、山区应采用耐旱耐瘠适应性强的品种。

二是有利于抗灾稳产。品种布局除注意丰产性外，还要考虑品种在当地的抗逆性和适应性。在自然灾害发生频繁的地区，就应按具体情况选择抗逆性强的品种。在玉米大斑病、小斑病或其他病害严重的地区，要注意选用抗病性较强或者耐病的良种，以免病原菌滋生蔓延，引起暴发流行而招致大面积减产。特别是在自然条件比较复杂的地区，还应考虑品种杂交组合遗传基础的多样性。因此，在生态条件不同的地区推广种植适应性强、具有不同遗传基础、不同抗原系统的杂交种，特别是选用抗逆性强的杂交种，对于抗灾、抗病、持续稳产、高产十分重要。

三是有利于全年增产。在规划玉米品种布局时，不仅要注意玉米当季高产，还要兼顾前后茬作物的丰收，促进单位面积土地上全年增产。

在一个生产单位或者相同的自然地区，既要克服品种单一化的不利影响，也要防止品种多、乱、杂。品种的搭配应有主次，根据当地自然气候、土壤肥力、耕作栽培制度，以及品种在当地的生长表现，确定主栽品种。其种植比例应根据水肥条件、品种特性而定。在自然灾害和病虫害频发地区，要选用抗灾、抗病性强的杂交种进行搭配，以减轻灾害的发生，充分发挥良种和地力的增产作用。

（2）玉米引种原则　一般来说，应考虑以下几个原则。

第一，在生产上引种推广一个品种应依据国家颁布的种子管理条例，选择经过省级以上农作物品种审定委员会审定的品种。

第二，应先进行试种示范，因为各地的自然条件和生产条件不同，还有种植习惯问题。要依据试验结果来确定能否在生产上推广，并要有配套的技术措施。比如，以高密度获得高产的品种往往要求高的肥水条件。

第三，北种南引或南种北引，都要特别慎重，尤其是在生产上缺种的情况下，盲目引种推广会给生产上造成重大损失。玉米起源于中美洲的热带地区，是短日照植物，也就是说，玉米品种在日照时数少的情况下会表现早熟，在日照长的情况下会表现晚熟，生育天数会有很大差别。比如把黑龙江的品种引到华北种植，往往由于生育期大大缩短而减产，当然还有病害的问题。如果把云南、贵州的品种引到东北，则往往会表现为晚熟或根本不会成熟。

第四，品种的生育期要和当地的气候、土壤及栽培条件相适应，不应为了追求高产而盲目选用偏晚熟的品种。在一季春玉米区，因生育期太晚导致收获的籽粒含水量太高，收获后处于气温较低的情况下，自然脱水很困难，从而影响玉米的商品品质。在一年两熟的夏玉米区，晚熟会影响到下茬作物播种。

25. 什么是玉米有机种植？

玉米有机种植是玉米成长过程中完全使用自然原料的种植方法，包括土壤改良、施肥和害虫控制等，也不采用基因工程和离子辐射技术，而是遵循自然规律，采取农作、物理和生物等方法培肥土壤、防治病虫害，以获得安全的生物及其产物的农业生长体系。该生长体系可以帮助解决现代农业带来的土壤侵蚀和土地质量下降，农药和化肥大量使用对环境造成污染和能源的消耗，物种多样性的减少等一系列问题。

有机种植体系产量显著低于常规种植体系，主要原因可归纳为以下方面：①氮有效性的限制是产量及收获物氮含量降低的主要原因，有机肥的氮素矿化率显著低于无机肥。②有机种植实施前期养分释放的缓慢，造成养分供应不足导致农作物产量下降，但产量提高潜力较大。③有机种植体系中未使用各种杀菌剂、杀虫剂和农药，导致体系中害虫和杂草迅速繁殖，干扰了作物的生长。

有机种植体系通过对土壤养分含量、土壤酶体系、微生物群落的影响，改变作物的生长条件及代谢途径，改善农产品的营养及其他品质。大量研究结果表明，和常规农产品相比，有机农产品含有更少的硝酸盐、亚硝酸盐和农药残留，富含更多的维生素C、磷素和钾素营养。

26. 夏玉米适时早播有哪些好处?

夏玉米播期越早,产量越高,播期越晚产量越低。玉米早播有以下几个好处:

(1)早播气候条件好 适时早播可以使夏玉米的生长发育正好处在适宜的气候条件下。早播可以使玉米的生长发育初期处于6月上中旬,此时雨量偏少,温度相对较低,有利于蹲苗。玉米进入拔节期后,营养生长和生殖生长同时并进,对肥水的需求量较大,生长速度较快,正好赶上7~8月的高温多雨天气,对玉米生长十分有利。

(2)早播可以延长玉米生育期 目前的高产玉米杂交种生育期一般为100~105天,需要积温2 500~2 700℃。要想获得高产,就必须在6月上旬完成播种,才能满足玉米高产对积温的要求。

(3)早播可以减轻病害的发生 早播玉米幼苗生长健壮,植株抗病能力强,不易发生病虫害;晚播玉米的幼苗期正处于高温多雨季节,不利于幼苗生长,并且是病虫害的高发期,植株较易感病。播种越晚,发病越重。

(4)早播利于机收、早腾茬 夏玉米早播可以早收获、早腾茬,有利于机械化收获,也有利于小麦精细整地和适期播种。

27. 玉米合理密植的依据是什么?

玉米合理密植是优质、高产、节本高效的基础。玉米籽粒产量的高低是由亩穗数、穗粒数和粒重决定的。在生产上种植密度低,单株生长良好,可以形成大穗,每穗的粒数多,但由于亩穗数较少,群体产量上不去。如果适当增加种植密度,增加每亩穗数,就能提高群体产量。但当群体的密度超过一定的范围后,就会造成田间荫蔽，通风透光不良，使个体发育受到抑制，导致植株细弱，空秆增多，果穗变小，穗粒数减少，粒重减轻，群体产量也会降低。因此，在玉米生产上必须按杂交种的特性和土壤肥力的高低，协调好每亩株数、穗粒数和粒重的关系，进行合理密植。

玉米适宜的种植密度受杂交种特性、气候、肥水、土壤条件和管理水平等的影响。因此，确定适宜的密度时，要因地制宜，灵活运用。合理密植的原则是：

一是根据杂交种特性确定密度。植株高大，叶片数多且较平展，群体透光性差的平展叶型杂交种密度宜稀植；植株较矮，叶片上冲，株型紧凑，群体通风透光好的紧凑型杂交种，宜密植。

二是根据土壤肥力和施肥水平确定密度。土壤肥沃，施肥量多时，可以适当密植；如果土壤肥力较低，施肥量又少，则不能满足植株对养分的需求，种植过密就会出现植株营养不良，空秆增多，植株早衰，秃尖严重，产量低。

三是根据水浇条件确定密度。玉米是需水较多的作物，密度增加以后，需水量会增多。因此，灌溉条件好的地块，密度可以适当提高。干旱和水浇条件差的地块，应适当稀植。

四是根据当地的气候和土质条件确定密度。气温较低，昼夜温差较大的地区，种植密度可以适当大一点；气温较高，昼夜温差小的地区，种植密度应小一点。玉米根系发达，需要的氧气较多，透水、透气性较好的沙壤土，比黏土地种植的密度可以稍大一些，每亩可多种 300～500 株。另外，精种细管、玉米群体整齐度高的，比粗种粗管的适当密些。

在合理的密度确定后，其种植方式对产量也有一定的影响，尤其是密度加大以后，配合适当的种植方式更能发挥高密度的增产效果。

28. 玉米免耕播种关键技术要点有哪些?

玉米免耕播种技术是一项集除草技术、节水保墒技术、秸秆还田技术为一体的节本增效栽培技术,是一种保护性耕作方法,具有保护土壤耕层结构和农田生态环境等特点,符合可持续农业发展的要求。夏玉米免耕栽培包括以下几个技术环节:

(1) 小麦秸秆处理 小麦收割要尽可能选用装有秸秆切碎和抛撒装置的收割机,或在玉米播种时选用带有灭茬功能的玉米免耕播种机,一次性完成秸秆粉碎、灭茬和玉米播种等多项作业。麦秸的粉碎长度不宜超过 10 厘米,麦秸抛撒要均匀。若采用其他方式收获的,需用秸秆粉碎机对麦秸粉碎,抛撒均匀。每亩覆盖量为 100~200 千克。

(2) 要抢时早播 特别是在光热资源不足的地区,由于夏玉米生长时间短,应在收获小麦后尽早播种。

(3) 要提高播种质量 由于小麦收获后土壤表面较干、较硬,加上麦秸和麦茬的影响,给播种作业带来一定难度。因此,提高播种质量成为夏玉米免耕直播技术的关键。一般破茬开沟深度不小于 12 厘米;所开的种肥沟宜窄,使覆盖的秸秆分向沟的两侧,以不遮盖种沟为准;播种深度控制在 4~5 厘米,播后随即压实以利发芽。

(4) 科学施肥 可采用一次性"基肥"法或"基肥+追肥"法。一般每亩使用玉米专用肥 40~50 千克。采用一次性施肥时,把所有肥料用作种肥,但肥料与种子须间隔 10 厘米。所开的种肥沟宜窄,以使覆盖的秸秆分向沟两侧并不遮盖种沟为准。在采用"基肥+追肥"方法时,除施用基肥外,至喇叭口期每亩施用尿素 12~15 千克,在玉米株间 10~15 厘米处深施。

(5) 浇好"蒙头水" 为提早播种,一般在收获小麦后,土壤墒情不足的情况下,先播种夏玉米,然后再浇"蒙头水"。"蒙头水"要保证浇好、浇足。

(6) 适时喷施化学除草剂和杀虫农药 由于玉米播后不进行中耕，故需在播种 3 天之内喷施化学除草剂，对每平方米黏虫多于 5 只的地块，还要添加杀虫剂。

29. 玉米不同生育时期的特点和管理措施是什么？

(1) 苗期管理 玉米从出苗到拔节这一阶段为苗期，夏玉米一般经历 20～25 天。该时期玉米的主要生长特点是地上部分生长缓慢，根系生长迅速。此阶段田间管理的中心任务是促进根系生长，培育壮苗，为高产打下基础。苗期管理的主要技术措施有：查苗、补苗、间苗、定苗、除草、蹲苗促壮、防治虫害。

查苗、补苗：夏玉米播种后应及时查苗、补苗。补种的种子应先进行浸种催芽，以促其早出苗。如果补种的玉米赶不上原先播种长出的幼苗时，可采用移苗补栽的方法。移栽时间应在下午或阴天，最好是带土移栽，以利返苗，提高成活率。

间苗、定苗：间苗、定苗一般在 3～4 叶期进行，由于玉米在 3 叶期前后正处在"断奶期"，要有良好的光照条件，如果幼苗期植株过分拥挤，株间根系交错，会出现争水争肥的现象。夏玉米在 5～9 叶期定苗比 3～4 叶期定苗，每亩减产 14％～27％，因此间苗、定苗应及早进行。间苗、定苗的时间应在晴天下午，病苗、虫咬苗及发育不良的幼苗在下午较易萎蔫，便于识别淘汰。

蹲苗促壮：蹲苗应从苗期开始到拔节前结束。蹲苗应掌握"蹲黑不蹲黄，蹲肥不蹲瘦，蹲干不蹲湿"的原则。生长条件较差的地块，一般不宜蹲苗，应抓好水肥管理工作，促弱转壮。

除草：玉米 3～5 叶期是喷洒苗后除草剂的关键时期。苗后除草剂使用不当，容易出现药害，轻者延缓植株生长，形成弱苗，重者生长点受损，心叶腐烂，不能正常结实。如果药害不严重，加强管理后，玉米可以恢复正常生长，如果心叶已经腐烂坏死，或者生长停滞，需补种或毁种。

防治虫害：玉米苗期害虫种类较多。苗期危害玉米的主要害虫有地老虎、蚜虫、蓟马、棉铃虫、灯蛾、麦秆蝇等，应及时做好虫情测报工作，发现害虫及时防治。

（2）玉米中后期的管理 玉米中后期包括玉米穗期阶段和花粒期阶段。玉米穗期阶段（拔节-开花）是营养生长转向营养生长与生殖生长并进时期，是决定穗粒数、穗的大小、可孕花数的关键时期，是奠定结实粒数的关键时期，一般为27～30天。该期生育特点是茎节间迅速伸长，叶片增大，根系继续扩展，干物质迅速增加，雌雄穗迅速分化，是玉米一生生长发育最旺盛的阶段，也是田间管理关键时期。管理任务主要是促进中上部叶片增大、茎秆粗壮敦实、根深叶茂、果穗发育良好、力争穗大粒多。花粒期阶段（开花-成熟）的生育特点是，以生殖生长为中心，经开花、受精进入籽粒产量形成阶段，主要功能叶片是植株中上层叶片，是决定粒数和粒重的重要时期。该期管理任务主要是保证授粉良好，保护叶片、提高光合强度，促进粒多、粒重、达到丰产。玉米中后期管理的主要技术措施有：

抓好穗期追肥：大喇叭口期是玉米追肥的重点时期。一般每亩可施尿素20～30千克，以追施尿素等速效氮肥为宜，尽量不要追施含有磷、钾的复混肥料。施用时最好采用开沟或穴施的方法，可结合浇水或趁降雨前追施，以提高肥效。

及时防治玉米螟（钻心虫）：防治玉米螟的最佳时期在喇叭口期。可以用颗粒剂装入大可乐瓶中，在瓶盖上扎七八个小孔，灌心进行防治。

及早预防叶斑病：对玉米叶斑病的防治应及早进行预防，对感病品种、历年发病田进行重点预防。一般玉米种植田发现零星病株就应进行药剂防治，控制发病中心，减少蔓延流行。

及早防倒：在常年容易发生倒伏的地区，可在拔节至大喇叭口期之前，结合中耕进行培土，可促进生根发育，提高植株抗倒能力。或在抽雄前用玉米健壮素等进行化控。

防止吐丝期干旱：玉米一生当中，吐丝期对干旱反应最敏感，是玉米需水"临界期"，这一时期如遇干旱，影响玉米抽雄、授粉，会严重影响玉米产量。因此，此期如遇伏旱要及时灌水。

30. 常用玉米化控剂的种类、使用方法及注意事项有哪些？

(1) 常用玉米化控剂的种类　玉米化控常用的植物生长调节剂主要有乙烯利、玉米健壮素、缩节胺、矮壮素、多效唑、氨鲜脂等。虽然市场上玉米控旺产品名目繁多，但离不开上述成分，或是单剂，或混合剂。喷施玉米尽量不要使用单剂，使用混合剂为好，混合剂能达到速效与长效相结合，受天气影响小，控旺增产突出，应用时间提前，无毒副作用。

(2) 使用方法　以玉米7~10叶期为最佳化控时期。喷药过早，在化控植株的同时，也对雌穗发育有所抑制；过晚用药，会影响玉米的控制效果。

(3) 注意事项　要严格按照说明配制药液，不得擅自提高药液浓度；严格掌握喷施时期，不可提前或拖后，过早会抑制植株正常的生长发育，过晚则达不到应有的效果；不重喷、不漏喷，天旱不喷，喷玉米上部叶片，不可全株喷施；药液随配随用，不能久存，也不可与农药、化肥混用。喷药时遇雨需要重喷，重喷时药量要减半；高水肥、耐密植的高产田适合化控。低肥力的中低产田、缺苗、补种、三类苗地块及因特殊原因生物量明显不足的地块，不易化控。

31. 形成玉米空秆的原因及防治措施有哪些?

(1) 玉米空秆的原因 主要原因有以下几个方面:

一是营养代谢不良。玉米雄穗由顶芽发育而成,生长势强,且比雌穗分化早 7~10 天。玉米雌雄分化时,如果营养代谢不良,雄穗就会利用生长优势,将大量养分吸收到顶端,导致雌穗因营养不足发育不良而形成空秆。在旺长阶段,如果矿质营养过多,造成营养生长旺盛,生殖生长减弱,也会形成空秆。

二是施肥不合理。在同一密度肥力不足条件下,施肥少的比施肥多的空秆率多,肥力越低,密度越大,空秆率越高;施单一肥比配方施肥的空秆率高;施二元肥料比施用三元肥料的空秆率高。

三是高温干旱影响。大喇叭口期至抽雄前是玉米需肥水最大的时期,如果这个时期干旱缺墒,就会影响雄穗的正常开花和雌穗花丝的抽出,造成抽雄提前和吐丝延迟,花粉的生命力弱,花丝容易枯萎,造成不能授粉受精而出现空秆。

四是阴雨天气过多。玉米抽雄散粉期,如果遇到阴雨连绵和光照不足,花粉粒易吸水膨胀而破裂死亡或黏结成团,丧失授粉能力,使雌穗花丝不能及时授粉,造成有穗无子,形成空秆。

五是病虫害的影响。高温、高湿持续时间长,诱发病虫害种类多,危害重,造成空秆。

(2) 玉米空秆的防治措施 ①削弱顶端优势。合理调整养分的分配,可以防止顶端优势,有效地降低空秆率。在玉米生产上采用的去雄技术能有效削弱其顶端优势,减少雄穗对雌穗的抑制。②合理密植。合理密植有利于通风透光,提高光合能力,增加果穗营养,促进果穗分化,降低空秆率。玉米群体过大,生长前期供应养分不足,难以达到苗齐、苗壮。植株个体生长不健壮,影响雌、雄穗分化,易出现空秆。③合理施肥。增施钾肥,氮肥后移。夏玉米栽培生长各阶段的氮肥用量按照苗肥或基肥占40％，大喇叭口期占60％的氮肥用量比例进行分施。④浇抽雄开花水。玉米抽雄前10天左右对水敏感，此时若土壤干旱，及时浇水可促进果穗发育，缩短雌、雄花的间隔，利于正常授粉，降低空秆率。抽雄前若土壤含水量低于田间最大持水量的80％就应立即浇水。⑤人工辅助授粉。在玉米开花前，可隔行去雄，苞叶过长的可剪去顶端3～7厘米，使花丝早抽出，增加授粉机会。吐丝期间待晴天露水干后，用竹竿或拉绳震动雄花，1天1次，进行2～3次，有利于花粉散落，增加授粉机会和能力，提高结实率，减少空秆率。⑥因地制宜选用良种。选用适合当地的综合性状好的优良品种，可有效降低玉米空秆率。

32. 玉米倒伏以后怎么办？

(1) 玉米倒伏类型

茎倒： 又称弯倒，植株根部位置不变，茎部弯曲、匍匐。此类地块应在雨后轻轻抖落植株上的雨水，以减轻植株压力，待天晴后让植株慢慢恢复直立生长。抖落雨水时要注意尽量不要翻动植株，以防人为造成茎秆折断。

茎折： 植株根部位置不变，从基部三四节位折断。此类倒伏植株通常很难恢复，基本上不会形成产量，不易采取挽救措施，任其自然生长或直接清除。

根倒： 植株自地表处连同根系一起倾斜歪倒。雨后应该尽快人工扶直并进行培土。

(2) 玉米不同时间倒伏应对措施

小喇叭口期（8～10叶期）**前出现的倒伏：** 植株可自动恢复直立状态，不会影响将来正常授粉，对产量影响不大，无需须采取人工扶起等措施，任其自然生长。若人工扶起，必然伤根，并且不再扎根，不仅影响产量，而且容易发生二次倒伏。

大喇叭口期（11～13叶期）**后出现的倒伏**：植株不能自动恢复直立状态，不仅直接影响正常授粉，还影响到光合作用进行，对产量影响较大，应采取人工扶直等措施。

抽雄授粉前后出现的倒伏：要从倒伏时的上风头开始扶起，扶起的同时要将玉米根部用土培好，最好两人一起操作，一人抓住玉米植株较上部位轻轻拉起，另一人在根部培土，培土高度以6～8厘米为宜，培土后要用脚踏实。最好当天倒，当天扶，最多不能超过3天，3天后不能再扶，再扶伤根反而更加减产（图6）。

雌穗抽出后出现的倒伏：①中度倒伏（与地面夹角30°～60°）可以人工扶起，也可以3～5棵玉米扶直后，在玉米结穗部位用细线绳把秸秆捆扎在一起，最好不要捆扎玉米叶片。过3天后，再将绑绳剪断使玉米自然生长，这样对玉米的后期灌浆和产量基本没有影响。②全倒伏的玉米植株。可在确保不伤茎秆和根的前提下，于穗位以下用木棍等进行支撑，使玉米穗离开地面30厘米左右，防止鼠害、防止霉变。在扶起和支撑植株的同时，可结合打掉底叶，增强通风与透光；可追施速效氮肥，增加营

图6　玉米倒伏对生长发育的影响

养，促进成熟。

(3) 玉米倒伏后相关配套措施　①加强水肥管理。倒伏的玉米由于光合作用差，生理机能受到扰乱，直接影响灌浆结实。对只追 1 次肥的田块，可再追 1 次肥。②注意防治病虫害。玉米倒伏后，往往发生病害。叶部病害如玉米大小斑病、锈病等，发病初期叶片出现水渍状青灰色斑点，可用杀菌剂喷施，每隔 7～10 天喷 1 次，连喷 2～3 次。每亩用石灰粉 15～20 千克拌细土 50 千克均匀撒施田间，能有效地防止病害的发生和蔓延。玉米螟在植株节间钻孔是倒伏折断绝产的原因，应适时防治，方法是在玉米喇叭口时期用颗粒剂撒入心叶内。

33. 玉米主要病虫害及其防治技术有哪些？

(1) 玉米大斑病、小斑病　玉米大斑病和小斑病主要危害叶片，有时也侵染叶鞘和苞叶，小斑病除危害上述部位外，还可危害果穗。许多地区常将这两种病害统称为"玉米斑病"。

症状识别：玉米大斑病的典型症状是由小的病斑迅速扩展成为长棱形大斑，严重的长达 10～30 厘米，有时几个病斑连在一起，形成不规则形大斑。病斑最初水渍状，很快变为青灰色，最后变为褐色枯死斑。空气潮湿时，病斑上可长出黑色霉状物，即病菌的分生孢子梗及分生孢子（图 7）。玉米小斑病的症状特点是病斑小，一般长不超过 1 厘米，宽只限在两个叶脉之间，近椭圆形，病斑边缘色泽较深，为赤褐色，病斑的数量一般比较多（图 7）。玉米大斑病和小斑病的病菌都以分生孢子附着于病株残体上越冬，或以菌丝体潜伏于病残组织中越冬，第二年孢子萌发引起初次侵染，感病后的植株产生大量分生孢子，借风、雨传播，引起再次侵染。

影响发病的因素：病菌孢子的萌发、侵入及孢子的形成与传播，都需要一定的气候条件，其中温、湿度是主要因子。大斑病病菌孢子的形成、萌发和侵入的适温是 20～25℃，小斑病菌稍高于大斑，适温是 20～32℃。因此小斑病在夏玉米种植区较严重，而大斑病则在春玉米区较严重。国外称小斑病为南方玉米叶斑，大斑病为北方玉米叶斑。在玉米生长季节里，气温一般总是能满足病菌的要求，而降雨量则成为病害流行的决定因素。降雨量大、湿度高，易造成病害的流行。

防治方法：病害的流行是由三个因素决定的：第一，大面积种植感病品种；第二，存在大量病菌；第三，具有适宜发病的环境条件。因此，病害的防治应从这三方面着手：①选用抗病品种。这是防治大斑病、小斑病的根本途径。不同的品种对病害的抗性具有明显的差异。②消灭越冬菌源和减少发病初期菌量。轮作倒茬可减少菌量，另外玉米收获后应彻底清除田间病残体，并及时深翻，这是减少初侵染源的重要措施。在病害发生初期，底部 4 个叶发病以前，打掉下部病叶，可使发病程度减轻一半。适期早播，使整个玉米生育期提前，可缩短后期处于高湿多雨阶段的生育日数，有避病作用。玉米是一种喜肥作物，加强肥水管理，可提高抗病力。另外大斑病是一种兼性寄生菌，植株生育不良易受侵染，即使抗性品种在缺肥缺水时也不能表现出其抗病潜力。③药剂防治。40% 克瘟散乳剂 500～1 000 倍液、50% 退菌特可湿性粉剂 800 倍液、50% 穗瘟净 1 000 倍液、50% 甲基硫菌灵 500～800 倍液。施药应在发病初期开始，这样才能有效地控制病害的发展，必要时隔 7 天左右再次喷药防治。

（2）玉米穗粒腐病　玉米穗粒腐病由于危害玉米的病原不同而分为许多类型，主要有镰刀菌穗腐病、曲霉穗腐病、青霉穗腐病和色二孢属菌引起的干腐病等。

症状识别：果穗从顶端或基部开始发病，大片或整个果穗腐烂，病粒皱缩、无光泽、不饱满，有时籽粒间常有粉红色或灰白色菌丝体产生。另外，有些症状只在个别或局部籽粒上表现，其上密生红色粉状物，病粒易破碎。有些病菌（如黄曲霉、镰刀菌）

在生长过程中会产生毒素，由它所引起的穗粒腐病籽粒在制成产品或直接供人食用时，会造成头晕目眩、恶心、呕吐。染病籽粒作为饲料时，常引起猪的呕吐，严重的会造成家畜家禽死亡。

影响发病的因素：由于病菌的多样性，造成病菌来源有多方面。带菌的种子、病残体以及其他作物的病残体均能引起田间发病，在后期多雨的年份易造成病害流行。

防治方法：①尚无很好的防治方法，但品种间抗性有显著差异，可选用抗病品种。②收集病残体，烧毁或深埋并实行2～3年轮作。③注意选种及播前的种子处理，用200倍甲醛液浸种1小时有杀菌作用，也可用50%二氯醌以种子重量的0.2%拌种。④加强田间管理，做到植株生长健壮，提高抗病力。另外应及时防治玉米螟，因为玉米螟是穗粒腐病菌的重要侵染媒介。⑤贮藏时，保持通风、干燥、低温。

(3) 玉米青枯病 玉米青枯病主要发生在灌浆末期，是一种暴发性的、毁灭性的病害，易造成严重的产量损失。

症状识别：玉米灌浆末期常表现为突然青枯萎蔫，整株叶片呈水烫状干枯退色；果穗下垂，苞叶枯死；茎基部初为水渍状，后逐渐变为淡褐色，手捏有空心感，常导致倒伏（图7）。

影响发病的因素：青枯病的病因尚有争论，国内存在三种不同的看法：其一，是镰刀菌引起的；其二，是腐霉菌引起的；其三，是腐霉菌和镰刀菌的复合侵染引起的。灌浆至乳熟期的大雨，对病害的发生有重要影响，土壤中的含水量高是青枯病发生的重要条件。

防治方法：目前尚无有效防治措施，但品种间抗性差异极为显著，可选用抗病品种。在栽培措施上应注意排水。

(4) 玉米锈病 玉米锈病包括普通锈病、南方锈病、热带锈病和秆锈病四种，我国目前只有前两种锈病。普通锈病的病原为高粱柄锈菌，南方锈病病原为多堆柄锈菌。普通锈病的发现报道较早，1937—1939年戴芳澜、王云章等在陕西、贵州等地报道了此病。南方锈病在我国发现较晚，1972年在海南省发现。20世纪70年代以来，南方锈病主要发生于我国南方台湾、海南等一些高温潮湿地区。然而，由于气候变化，近年该病在我国北方地区大面积发生。

玉米大斑病　　　　　　　　　　玉米小斑病

玉米青枯病　　　　　　　　　　玉米南方锈病

图7　玉米病害危害状

症状识别：主要危害叶片，也可侵染叶鞘、苞叶和雄穗。其中，普通锈病在叶片上常产生长条状、略突出叶片表面的孢子堆，叶片表皮破裂后，散出褐色的粉末。南方锈病发病时，在叶片上散生黄色小斑点，病斑逐渐隆起，呈圆形或椭圆形，黄褐色或红褐色。植株生长后期，两种锈病都会在病斑上逐渐形成黑色突起，破裂后散出黑色粉状物，为病菌冬孢子。玉米锈病发生造成植株叶片褪绿、不能正常进行光合作用。严重时，叶片上布满孢子堆，叶片干枯，植株提早衰老死亡（图 7）。

防治方法：①选育和利用抗病品种。②加强田间管理，清除田间病残体。③药剂防治。在发病初期喷施 25％三唑酮可湿性粉剂 1 500～2 000 倍液，或 25％敌力脱（丙环唑）乳油 3 000 倍液、12.5％速保利（R-烯唑醇）可湿性粉剂 4 000～5 000 倍液，隔 10 天左右一次，连续防治 2～3 次，控制病害扩展。

（5）玉米田地老虎　地老虎又叫地蚕、土蚕、切根虫。地老虎的种类很多，经常发生危害的有小地老虎和黄地老虎。

生活习性：地老虎的一生分为卵、幼虫、蛹和成虫（蛾子）4 个阶段。成虫体翅暗褐色。小地老虎前翅有两道暗色双线夹一白线的波状线，翅上有两个暗褐色的肾状纹与环状纹，肾状纹外侧有 1 条尖三角形的黑色纵线；黄地老虎前翅仅有肾状纹和环状纹。地老虎一般以第一代幼虫危害严重，各龄幼虫的生活和危害习性不同。一、二龄幼虫昼夜活动，啃食心叶或嫩叶；三龄后白天躲在土壤中，夜出活动危害，咬断幼苗基部嫩茎，造成缺苗；四龄后幼虫抗药性大大增强，因此，药剂防治应把幼虫消灭在三龄以前。地老虎成虫日伏夜出，具有较强的趋光和趋化性，特别对短波光的黑光灯趋性最强，对发酵而有酸甜气味的物质和枯萎的杨树枝有很强的趋性。这就是黑光灯和糖醋液能诱杀害虫的原因。

地老虎由北向南 1 年可发生 2～7 个世代。小地老虎以幼虫和蛹在土中越冬；黄地老虎以幼虫在麦地、菜地及杂草地的土中越冬。两种地老虎虽然 1 年发生多代，但均以第一代数量最多，危害亦最重。其他世代发生数量很少，没有显著危害。所以测报和防治都应以第一代为重点。

危害症状：幼虫啃食叶片，造成小孔洞和缺刻；或将幼苗近地面茎部咬断，整株死亡；有时仅危害生长点；严重时造成缺苗断垄。

防治方法：物理防治方法：①利用黑光灯诱杀。②拔开萎蔫苗、枯心苗周围泥土，挖出小地老虎的幼虫处死；或在被咬植株附近灌水，幼虫爬出土面，将其捕杀。③对沙壤地和虫口密度大的地块可采取灌水淹杀的措施。药剂防治方法：①种子包衣。采用含有杀虫剂的种衣剂包衣。②毒饵诱杀。将杀虫剂溶解后喷在切碎的新鲜杂草上（地老虎喜食的灰菜、刺儿菜、苦荬菜、小旋花、苜蓿、艾蒿、青蒿、白茅、鹅儿草等杂草），傍晚撒在大田诱杀。也可把麦麸等饵料炒香，每亩用饵料 4～5 千克，加入杀虫剂，拌匀成毒饵，于傍晚撒于地面诱杀。③药剂喷洒。于幼虫一至三龄期喷雾。

(6) 玉米螟 又称玉米钻心虫，是世界性玉米大害虫。玉米螟是多食性害虫，寄主植物多达 200 种以上，但主要危害的作物是玉米、高粱、粟等。

症状识别：玉米螟幼虫是钻蛀性害虫，造成的典型症状是心叶被蛀穿后，展开的玉米叶出现整齐的一排排小孔。雄穗抽出后，玉米螟幼虫就钻入雄花危害，往往造成雄花基部折断。雌穗出现以后，幼虫即转移到雌穗取食花丝和嫩苞叶，蛀入穗轴或食害幼嫩的籽粒。另有部分幼虫由茎秆和叶鞘处蛀入茎部，取食髓部，使茎秆易被大风吹折。受害植株籽粒不饱满，青枯早衰，有些穗甚至无籽粒，造成严重减产。

影响虫害发生的因素：①虫口基数。上一代虫口基数的多少，是影响玉米螟危害轻重的重要因素。虫口基数大，在环境条件适宜的情况下，往往造成严重的危害。②温湿度。玉米螟适于高温、高湿条件下生长发育。玉米螟主要发生在 6～9 月，适温为 16～30℃，相对湿度 60％以上。因此，玉米螟发生数量的变动，决定于湿度和雨水。③玉米品种。玉米品种不同，被害差异很大。玉米组织中存在一种抗螟物质丁布，成虫将卵产于丁布含量高的玉米品种上，其孵化的幼虫死亡率很高。另外，某些品种玉米的组织形态，可避免成虫产卵而减轻螟害，如叶面茎秆上的毛长而密，则螟害很轻。因此，玉米品种不同，玉米螟的种群数量和玉米受害程度均不相同。④天敌。玉米螟的天敌种类很多，对玉米螟抑制作用较大的是赤眼蜂。赤眼蜂寄生于玉米螟卵中，使卵不能正常孵化，或孵化的幼虫不能正常生长，对降低螟虫危害，能起一定的作用。

防治办法：①越冬期防治。玉米螟幼虫绝大多数在玉米秆和穗轴中越冬，翌春在其中化蛹。4 月底以前应把玉米秆、穗轴作为燃料烧完，或作饲料加工粉碎完毕，并应清除苍耳等杂草越冬寄主，这是消灭玉米螟的基础措施。②物理防治。玉米螟发蛾始盛期在玉米地附近开阔地，按 200 亩玉米设置一盏高压汞灯，下设药池，或按 50 亩玉米设置一盏黑光灯、频振式杀虫灯，诱杀玉米螟成虫。③药剂防治。可用适量颗粒剂，拌 10～15 倍煤渣颗粒，每株用量 1.5 克，点心。④生物防治。赤眼蜂在消灭玉米螟方面有很显著的作用，并且成本低。在玉米螟产卵的始期、盛期、末期分别放蜂，每亩放蜂 1 万～3 万只，设 2～4 个放蜂点。用玉米叶把卵卡卷起来，卵卡高度距地面 1 米为宜。

34. 玉米秸秆还田技术要点有哪些？

玉米秸秆还田技术就是把玉米秸秆通过机械切碎或粉碎后，直接洒在地表或通过机械深翻或旋耕犁深旋，把秸秆施入土壤的一种农业技术。玉米秸秆还田可以增加土壤肥力，改良土壤结构；明显提高农业生产效率，减轻劳动强度，节约劳动成本；减少环境污染，改善农田周围环境。技术要点如下：

(1) 保证秸秆粉碎质量　首先选用适宜的秸秆还田机，玉米秸秆粉碎长度掌握在 3～5 厘米为宜，以免秸秆过长土压不实，影响作物出苗和生长。

(2) 尽早翻耕或旋耕　机械收获玉米，秸秆粉碎后被均匀撒在田地之中，此时要尽快将秸秆翻耕入土，深度一般要求 20～30 厘米，最好是边收边耕埋，达到粉碎秸秆与土壤充分混合，地面无明显粉碎秸秆堆积，以利于秸秆腐熟分解和保证小麦种子发芽出苗。有条件和时间的农户，秸秆还田后的地块最好采用机械翻耕，把秸秆掩埋到20～30厘米土层下，不仅有利于节水保墒保肥，而且有利于秸秆腐熟。

（3）**增施氮肥和腐秆剂**　在秸秆粉碎后，旋耕和深翻前，除按常规施肥外，每亩按100千克秸秆另外再加10千克碳酸氢铵或3.5千克尿素，有条件每亩再加2～3千克秸秆腐秆剂，以加快秸秆腐烂，而且补施的氮肥被微生物利用后仍保存在土壤里，其利用率比施在没有还田的耕地要高，可以避免小麦苗期缺氮发黄。

（4）**足墒还田**　土壤水分状况是决定秸秆腐解速度的重要因素，因为秸秆分解依靠的是土壤中的微生物，而微生物生存繁殖要有合适的土壤墒情。若土壤过干，会严重影响土壤微生物的繁殖，减缓秸秆分解的速度，故应及时浇水，生产上一般采取边收割边粉碎，特别是玉米秸秆，因收割时玉米秸秆水分含量较多，及时翻埋有利于腐解。

（5）**还田数量要适宜**　秸秆还田可提高地力，增产增收，但并非还田越多越好，其还田数量要根据水源和耕作条件来决定，原则上应保证当年还田秸秆充分腐烂，不能影响下茬耕作质量。一般情况下，玉米秸秆的还田量是：每亩秸秆400～500千克为宜，过多会危害下茬小麦根系生长。

（6）**防治病虫害**　秸秆还田由于时间紧，使上茬玉米田大量的害虫虫卵和病原菌被翻入土壤。因此，还田前可以采用药剂和细土拌匀后，均匀撒施地面，深翻或旋耕土中，以预防和杀死土壤中的病虫菌源和虫卵，达到防控病虫害的目的。上茬玉米病虫害特别严重的地块不宜直接还田。

（7）**保证小麦播种质量**　由于玉米秸秆还田使土壤中的作物纤维增加，为保证下茬小麦播种质量，最好采用圆盘开沟式播种机，其优点是靠圆盘刃滚切土壤和残留在土壤浅层的秸秆，使土壤进一步压实，避免种子架空和麦苗根部漏风。

三、 水稻

35. 我国水稻有哪几种类型?

栽培稻根据不同的划分方法可以划分为不同的种类,例如籼稻、粳稻,水稻、深水稻、浮稻和陆稻,粘稻和糯稻,早稻、中稻和晚稻以及杂交稻等。

籼稻和粳稻是水稻在不同温度条件下形成的两个亚种,粳稻是水稻在向北和高海拔地区传播过程中演化出的一种类型。籼稻分布在热带、亚热带的平川地带,具有耐热、耐强光的习性,粒形细长,米质黏性较弱,叶色淡绿,叶片粗糙多毛,颖壳上毛稀而短,易落粒。粳稻主要分布在秦岭淮河以北及以南的高寒山区,具有耐寒、耐弱光的习性,粒形短而大,米质黏性较强,叶片少毛或无毛,颖壳毛长而密,不易落粒。

陆稻是适应于缺乏淹水条件下生长的生态变异类型,又称旱稻。陆稻和水稻在形态、生理、生态上的差异,一般在缺水状况下表现出来。陆稻叶色较淡,叶片较宽,谷壳较厚。陆稻品种可以在水田种植,而水稻品种一般不太适于在旱地种植。陆稻种子吸水力强,在15℃的低温下发芽较水稻快,幼苗对氯酸钾的抗毒力较强,根系发达且分布较深,维管束和导管较大,吸水力强,蒸腾量小,故而耐旱能力较强。

深水稻和浮稻主要分布于江河下游低洼地带和湖泊沿岸的洼堤、塘田、湖田。它们浮生水中,地上茎节能发根、分蘖,并随水位上涨而伸长,茎长可达5米以上。

粘稻与糯稻的主要区别是米质黏性大小的不同,糯稻是粘稻淀粉粒性质发生变化而形成的变异型，米粒的胚乳中含有较多直链淀粉的水稻类型。籼稻、粳稻都有粘稻和糯稻之分，粳型粘稻的直链淀粉含量一般为 12%～20%，籼型粘稻一般为 14%～30%。粘稻米粒因含有一定量的直链淀粉，煮出的米饭质地干、胀性大，饭粒不易黏结成团。粘稻的米粒多为半透明状，遇 1% 的碘-碘化钾溶液，因吸碘量较多而呈蓝紫色反应。糯稻是由粘稻发生基因突变而形成的变异类型，其胚乳的糯性是由 1 对隐性基因控制的，糯稻和粘稻在农艺形态性状上无明显差异。糯米未干时呈半透明状，干燥后呈乳白色。糯米的胶稠度极软，米的胀性小，煮出的米饭黏结成团。糯米胚乳遇 1% 碘-碘化钾溶液仅呈红褐色反应。

由于水稻对温度和光照反应的多样性，不论籼稻和粳稻、水稻和陆稻，都可以分为早稻、中稻和晚稻三种季节型。全生育期从播种到成熟在 120～130 天的叫早稻或早熟种，在 130～150 天的为中稻或中熟种，150～160 天以上叫的晚稻或晚熟种。

36. 水稻优良品种应具备哪些条件？

水稻优良品种除具备水稻新品种的基本条件外，还应具有以下几个方面的条件：①产量高。高产是优良品种最基本的条件。②抗逆性强。具有生物抗性如抗稻瘟病、白叶病、螟虫、褐飞虱等和非生物抗性如耐寒、耐旱、耐涝、耐高温等特性。③水稻籽粒品质要好。水稻籽粒加工出米率要高，籽粒外观好看，而且比较好吃。在评价米质优劣的指标中，精米率、垩白率、垩白度、直链淀粉含量、胶稠度、食味等最为重要。④适应性广。优良的水稻品种能在不同的土壤类型、气候、栽培条件下，以及同一地区不同年份栽培条件下，大面积生产且都能生长良好并获得高产。

37. 杂交稻和超级稻指的是什么？

(1) 杂交稻　是指两个遗传组成不同的亲本杂交产生的具有杂种优势的子一代组合。与基因型为纯合的常规水稻不同，杂交稻的基因型是杂合的，其细胞质来源于母本，细胞核的遗传物质一半来自母本，一半来自父本，由于杂种 F_1 代个体间的基因相同，因此，群体性状整齐一致，可作用生产用种。从 F_2 代开始由于基因分离，出现株高、抽穗期、分蘖力、穗型、粒型、米质等性状分离，导致优势减退，产量下降，不能继续作为种子使用。所以杂交稻需要每年生产性制种。

(2) 三系杂交稻和二系杂交稻　三系杂交稻种子的生产需要雄性不育系、雄性不育保持系、雄性不育恢复系的相互配套。不育系的不育性受细胞质和细胞核的共同控制，需要与保持系杂交，才能获得不育系种子；不育系与恢复系杂交，获得杂交稻种子，供大田生产应用，保持系和恢复系的自交种子仍可作保持系和恢复系。

两系杂交水稻的生产只需要不育系和恢复系。其不育系的育性受细胞核内稳性不育基因与种植环境的光长和温度共同调控，并随光、温条件的变化产生从不育到可育的育性转换，其育性与细胞质无关。利用光温敏不育性随光温条件变化产生育性转换的特性，在适宜的光温时期，可自行繁殖种子，而三系不育系必须与保持系按一定行比相间种植，依靠保持系传粉异交结实生产不育系种子。两系杂交稻的杂种优势表现及机理与三系杂交稻一样，都是利用两个遗传组成不同的亲本杂交产生杂交一代种子，在生产上利用杂种优势。

(3) 超级稻　是指通过理想株型的构建与籼粳亚种间强杂种优势利用相结合育成的产量潜力得到大幅度提高、适应性广、米质和抗性明显改善的品种或组合。

38. 我国水稻是如何分区的？

我国是世界上水稻种植面积第二大国家，常年种植面积4.29万～4.50万亩，占全球总面积的22.8%。在我国，南自海南省，北至黑龙江省北部，东起台湾省，西抵新疆维吾尔自治区的塔里木盆地西缘，低如东南沿海的滩涂田，高至西南云贵高原海拔2 700米以上的山区，凡是有水源灌溉的地方，都有水稻栽培，总的趋势是"南籼北粳"。根据水稻种植区的自然生态环境、品种类型、栽培制度，结合行政区划，我国划分了6个大的稻作区。

（1）华南双季稻稻作区 位于南岭以南，包括广东、广西、福建、海南岛和台湾5省（区）。这个稻作区面积居全国第2位，不包括台湾约占全国稻作总面积的22.5%，品种以籼稻为主，一年可以种植两季。另外在山区也有粳稻分布。

（2）华中单、双季稻稻作区 位于南岭以北和秦岭以南，包括江苏、上海、浙江、安徽的中南部、江西、湖南、湖北、四川（除甘孜外）八省（直辖市），以及陕西和河南两省的南部，稻作面积约占全国稻作总面积的61.1%。在这个稻区内，江汉平原、洞庭湖平原、鄱阳湖平原、皖中平原、太湖平原和里下河平原等，历来都是我国著名的稻米产区。早稻品种多为籼稻，中稻多为籼型杂交稻，可以种植双季；连作晚稻和单季晚稻以粳稻为主。

（3）西南单季稻稻作区 位于云贵高原和青藏高原，包括湖南西部、贵州大部、云南中北部、青海、西藏和四川甘孜藏族自治区。本区稻作面积占全国稻作面积的6.7%。水稻垂直分布带差异明显，低海拔为籼稻，高海拔为粳稻，中间地带为籼粳交错分布区。

（4）华北单季稻稻作区 位于秦岭、淮河以北，长城以南，包括北京、天津、河北、山东、山西等省和河南北部、安徽淮河以北、陕西中北部、甘肃兰州以东地区。稻作面积占全国稻作面积的 3.6%。品种以粳稻为主。

(5) 东北早熟单季稻稻作区　位于黑龙江以南和长城以北，包括辽宁、吉林、黑龙江和内蒙古自治区东部。稻作面积约占全国稻作面积的 5.6%。品种为粳稻。

(6) 西北干燥区单季稻稻作区　位于大兴安岭以西，长城、祁连山与青藏高原以北地区，包括新疆维吾尔自治区、宁夏回族自治区、甘肃西北部、内蒙古西部和山西大部。稻作面积占全国稻作面积约 0.5%。主要种植早熟籼稻。

39. 水稻品种混杂退化的原因是什么?

水稻是雌雄同花自花授粉作物。杂交稻是利用杂交一代（F_1）进行水稻生产，由于其遗传基础是杂合体，杂种个体之间遗传型相同，故从外观上看，群体整体一致，可作为生产用种，但从第二代（F_2）起会产生很大的性状分离，优势减退，产量明显下降，不能继续作为种子使用，因此，杂交稻必须进行生产性制种。常规稻是通过若干代自交达到基因纯合的品种，个体遗传型相同，从外观看群体整齐一致，上下代的长相也一样，产量也不会下降，因此，常规稻不需要年年换种，但要注意品种的提纯复壮。

水稻品种混杂退化的主要原因有：①机械混杂。主要是品种种植过程中、种子处理、播种、收割脱粒、筛种等环节操作不严，混入其他品种。②自然杂交。主要是品种种植过程中，由于和其他品种或其他作物发生天然杂交而引起的混杂退化。③品种遗传特性发生分离和自然突变。④栽培条件不良环境和栽培条件得不到满足，优良性状得不到充分发挥，为了生存，适应不同的逆境，发生变异和病变，性状退化。⑤其他不正确的选择等因素造成的品种退化现象。一旦发生品种混杂退化，其产量、品质、抗性和适应性等方面都可能变劣，给生产上带来损失。

40. 水稻有哪些育秧方法？保温育秧应该注意什么问题？

水稻育秧主要有水育秧、湿润育秧、旱育秧等方法。水育秧是指在整个水稻育秧期间，秧田以淹水管理为主的育秧方法，对利用水层保温防寒和防除秧苗杂草有一定作用，且易拔秧、伤苗少，盐碱地秧田淹水，有防盐护苗的作用。但长期淹水土壤氧气不足情况下，秧苗易徒长及影响秧苗根系下扎，秧苗素质差。湿润育秧是介于水育秧与旱育秧之间的一种育秧方法，其特点是在播种后至秧苗扎根立苗前，秧田保持土壤湿润通气，以利于根系发育，在扎根立苗后采取浅水勤灌相结合排水晾田，是水稻育秧的基本方法。旱育秧是整个育秧过程只保持土壤湿润的育秧方法，旱育秧通常在旱地进行，秧田采用旱耕旱整，秧田通气性好，秧苗根系发达，插后不宜败苗，成活返青快。

保温育秧是在秧田上覆盖塑料薄膜或地膜保温的育秧方法。薄膜保温育秧在我国南方水稻可提前播种 10～15 天，北方可提早 20～30 天。由于薄膜内温度高时易引起秧苗徒长和烧苗，连续低温时又易萎缩不长，甚至青枯死苗，因此加强管理是薄膜保温育秧成败的关键，从播种到一叶一心为密封期，把薄膜封闭严密，创高温、高湿条件，促使生根出苗。从一叶一心至两叶一心为炼苗期，晴天膜内最适温度接近 25～30℃时揭膜通风，遇低温仍要密封，炼苗期要日揭夜盖，逐渐进行。经过炼苗 5 天以上，秧苗高达 7～10 厘米、气温稳定在 13℃、基本没有 7℃以下低温时，可把膜全部揭掉，揭膜前上水，防止失水死苗，并施肥促苗生长。

41. 水稻有哪些种植方式？需要注意哪些问题？

(1) 水稻种植方式 分为直播、插秧以及抛秧（图8）。水稻直播分为水直播和旱直播。旱直播包括旱撒播和旱条播，旱条播又包括常规条播和免耕条播。水直播和旱直播都可以采用机械化直播。插秧分为手工插秧和机械插秧。水稻机插秧主要包括毯状秧苗机插，钵苗摆栽和钵型毯状秧苗机插。抛秧可以采用手工及机械两项技术，主要包括水稻免耕抛秧、小苗抛秧、纸筒抛秧、塑料钵盘育秧抛秧和无盘旱育抛秧。

(2) 水稻直播注意事项 水稻直播技术省去了育秧、移栽环节，稻作过程更加简化，生产上易被农民接受。选择直播稻应选择矮秆、耐肥、抗倒、发根力强的大穗型高产优质品种，要求分箱定量均匀播种。一般优质常规稻每亩用种 3.0～4.5 千克。播后至出苗前秧板以湿润为主；秧苗二叶期要灌水上秧板，并结合施肥除草，保持水层 4～5 天，严防漏水或漫灌，以免影响肥效和药效；当总苗数达到预定穗数苗的 80% 时，及时排水搁苗，并做到多次轻搁，引根深扎；后期干湿交替，切记断水过早，防止早衰。直播稻群体大，本田生育期长，总施肥量要比移栽稻稍多。

(3) 抛秧注意事项 水稻抛秧与传统手工插秧相比，节省秧田和用工，作业效率高，提高移栽效率和减轻移栽的劳动强度，易保证足够的密度，表现增产增效。抛秧对整田的要求较高，其均匀度直接关系到产量高低。选择抛秧要采用专用塑料秧盘育秧或无盘旱育秧，品种要求分蘖力强，抗倒抗逆性好，穗型较大，稳产高产，米质优，秧龄弹性较大的中熟品种。早籼稻大多数品种可作抛秧栽培，连作晚稻宜采用生育期相对较短的早熟或中熟品种。抛秧密度晚稻可比早稻抛密些，瘦田比肥田密些，品种分蘖力弱的要密些，要抛足抛匀，对过密过稀的地方作适当删密补稀，使秧苗分布均匀，生长平衡。抛栽田要及时开好田字沟，现耕现整现耙现抛，灌好沟水，做到沟浆泥水田抛栽，有利立苗，栽后第二天上薄水扶苗，连作晚稻要防止无水晒苗损伤，抛秧5天左右全田秧苗基本直立后灌水施肥除草。

（4）水稻机插秧注意事项 选择机插秧首先要培育秧苗，机插秧苗要求根系发达、苗高适宜、秧苗粗壮、叶色挺绿，秧苗均匀整齐。早稻苗高15厘米，叶龄3～4叶；单季稻苗15～20厘米，叶龄3叶左右。机插前5～10天翻耕大田，2～3天根据土壤质地，施用基肥，一般亩施碳酸氢铵40～50千克+过磷酸钙25千克拌匀后撒施，面施复合肥15千克耙平，等待机插。早稻机插秧密度亩插1.80万丛，插秧规格30厘米×（12～14）厘米（行距×株距）。每丛有苗4～5株，亩基本苗8万～9万。单季常规稻密度每亩1.4万～1.6万丛，插秧规格为30厘米×（14～16）厘米，每丛3～4株，亩基本苗在5.5万～8万。单季杂交稻机栽亩栽1.2万～1.4万丛，规格为30厘米×（16～20）厘米，每丛2～3株，亩基本苗在2.5万～4万。采用无水层插秧，插后灌浅水扶苗返青。分蘖期间浅湿灌溉促根，够苗排水搁田塑造理想群体和株型，穗形成期间浅湿灌溉，开花灌浆期间浅湿交替灌溉。断水不宜过早，以保持根系活力，延长功能叶寿命，促进灌浆。

图8　水稻人工插秧（左）和抛秧（右）

42.水稻品种的生育时期由哪些因素决定？

(1) 水稻品种的"三性" 水稻品种的感光性、感温性和基本营养生长性也叫水稻"三性"。感光性水稻品种在适宜生长发育的日照长度范围内，短日照可使生育期缩短，长日照可使生育期延长。水稻品种因受日照长短的影响而改变其生育期的特性，称为感光性。

感温性水稻品种在适宜的生长发育温度范围内，高温可促使其生育时期缩短，低温可使其生育时期延长。水稻品种因受温度影响而改变其生育期的特性，称为感温性。

基本营养生长性即使在最适合的光照和温度条件下，水稻品种也必须经过一个必需的最短营养生长期，才能进入生殖生长，开始幼穗分化。这个短日、高温下的最短营养生长期称为基本营养生长期（又称短日高温生长期），水稻这种特性称为基本营养生长性。

(2) 生育时期决定因素 水稻品种生育时期主要由品种对环境的温度和日照长度的反应决定。正常栽培条件下，水稻生殖生长时间的长短变化幅度不大，营养生长期的长短则因品种的熟期迟早变化很大。水稻的"三性"决定着水稻品种的生育期长短。

水稻自高纬度北方稻区引向低纬度南方稻区种植，生育期一般缩短，尤其是东北早粳，全生育期所需积温较少，对高温敏感，引到低纬度南方种植，应适当早播，种龄不宜太大，以增加大田营养生长期，获得高产。水稻从低纬度南方稻区引向高纬度北方稻区种植，生育期延长，早稻引种容易成功，晚稻可能在稻作季节不能正常抽穗成熟，必须选取较早熟品种作为引种对象。纬度相同海拔不同稻区引种，海拔低的稻区向海拔高的稻区引种，生育期延长，选用早熟品种引种容易成功；反之,从高海拔向低海拔稻区引种,生育期缩短,选用迟熟品种引种容易高产稳产。相同纬度、相同海拔稻区之间引种,成功率相对较高。

43. 采用哪些技术能够有效预防水稻倒伏?

首先是选用抗倒性强的水稻品种。不同的水稻品种抗倒伏能力有差异,生产上应选用适应当地自然环境特点,抗倒伏能力强的优良品种。其次是进行合理密植,根据不同品种的分蘖特性和土壤肥力与供肥水平,确定适宜的移栽密度,水稻移栽过密则群体过大,容易导致倒伏发生;移栽群体过稀则群体不足,不利于产量的增加。第三是合理施肥,根据水稻需肥规律和土壤供肥能力科学合理配方施肥,适量施用氮肥,增施磷、钾肥和有机肥,做到氮、磷、钾肥与有机肥配合使用,增强抗倒性。第四是合理管水,浅水栽秧,寸水活棵,达到预期茎蘖数指标时进行搁田,既能控制无效分蘖,又能提高抗倒伏能力。灌浆期干湿交替管水,达到养根保叶、提高抗倒伏效果。第五要有效预防稻瘟病、纹枯病、稻飞虱、稻螟虫等,预防病虫害引起的倒伏。

44. 水稻需肥规律是什么? 有哪些关键施肥技术?

水稻一生需肥量为每 100 千克稻谷需要吸收氮素 2.0～2.4 千克、五氧化二磷 0.9～1.4 千克、氧化钾 2.5～2.9 千克。水稻施肥量应根据土壤养分供应量、水稻目标产量、肥料利用率及肥料的性质等因素确定。土壤供肥量可按水稻需肥总量的 60% 左右估算,肥料利用率不同肥料不同季节有所差异,氮素化肥利用率在 30%～40%,钾肥利用率为 40% 左右,过磷酸钙为 30% 左右,有机肥利用率 20% 左右,综合各因素,在土壤养分中等条件下，亩产 500 千克水稻需要施用氮肥（N）12 千克、磷肥（P_2O_5）5.5 千克、钾肥（K_2O）10 千克左右。

水稻施肥分为基肥、分蘖肥、穗肥。基肥是在水稻移栽前施入土壤的肥料，做到有机肥与无机肥相结合，基肥应占氮肥总量的 50％左右，结合移栽前的最后一次耙田施用。分蘖肥易早施，一般占氮肥总量的 30％左右，移栽或插秧后一周内施入。穗肥根据追肥时期和所追肥料的作用，一般在移栽后 40～50 天时施用，一般占氮肥总量的 20％左右。抽穗扬花后根据品种类型和生长状况确定施粒肥，一般在抽穗扬花后期及灌浆期各喷施一次，每亩每次用磷酸二氢钾 150 克，兑水 50～60 千克于傍晚喷施，增加粒重，减少空秕粒。

45. 搁田在水稻生长发育进程中有哪些作用？如何进行水分管理？

水稻生长发育过程中进行搁田具有协调碳氮关系、控制无效分蘖，促根、壮秆、控蘖、防病等作用。不同栽培方式条件下水稻搁田应采取不同的策略，做到适时适度。一般在无效分蘖期到穗分化初期进行搁田。从有效分蘖临界叶龄期前一个叶龄开始至倒 3 叶期结束这段时间内进行。在有效叶龄期前茎蘖数达到适宜穗数要适当重搁先搁田；如果有部分稻田群体生长比较弱，可适当推迟搁田和适当轻搁。搁田要求在倒 3 叶末期结束，进入倒 2 叶期，田间必须复水。搁田程度要看田、看苗、看天而定。稻田爽水性良好的稻田要轻搁，而黏土、低洼稻田可重搁。阴雨天气、苗势较好的田块要适度重搁田。

水稻灌水必须依据其需水规律，即在水稻生长发育不同阶段采取合理的水分管理方式实现高产稳产，其主要技术为：浅水移栽返青，栽秧时水要浅，不浮秧，立苗快；湿润促分蘖，适当保持田面湿润，利于分蘖早发；够苗期晒田，当田间苗数达到预期苗数时，要适当排水搁田，控制后期无效分蘖；寸水孕穗抽穗，水稻孕穗抽穗期稻田保持 1 寸（3.33 厘米）左右水层，确保穗大粒多；灌浆成熟期田间进行干湿交替间歇灌溉，减少空壳秕粒，增加千粒重。黄熟阶段后稻田应排水落干，利于籽粒充实饱满，便于田间收获。

46. 低温和高温对水稻有哪些影响？主要有哪些防御措施？

（1）低温影响 低温会引起水稻生理障碍，造成冷害，是影响水稻高产的主要自然灾害之一。防御措施：①适期播种。根据水稻品种灌浆期长短确定适宜的抽穗期，进而确定适宜播期，既可以抵御低温冷害，又能避免抽穗过早造成后期温度资源的浪费及早衰，发生穗茎稻瘟病。②选用抗寒性强的品种。以早熟品种为主，合理搭配各种熟期品种的比例。③增施磷肥和农家肥。增施磷肥，不仅有助于插后返青，还可促进植株的出穗、开花、成熟。增施农家肥，既能改良土壤又能促进早熟，避开低温。④加强田间管理。穗分化时期遇低温灌深水；施用促早熟的生长调节剂，如增产灵、磷酸二氢钾和尿素混合液。

（2）高温影响 水稻高温天气正值早中熟中稻的抽穗开花期，会引起花粉活力下降，颖花不育，造成水稻减产。防御措施：①适期播种，避开炎热高温对水稻结实的影响，要将一季中稻的最佳抽穗扬花期安排在 8 月中旬，以有效避开 7 月下旬至 8 月上旬的高温伏旱天气。②合理选用抗高温能力强的品种，调整水稻后期追肥，提高施肥中磷、钾比例。③当水稻处于抽穗扬花等高温敏感时期，如遇 35℃以上高温天气有可能形成热害时，可在田间灌深水，根外喷施 3% 过磷酸钙或 0.2% 磷酸二氢钾溶液，增强稻株对高温的抗性，减轻高温伤害。如果已遇高温，则加强受灾田块的后期管理，首先是坚持浅水湿润灌溉，防止夹秋旱进一步加剧灾害，后期切忌断水过早，以收获前7～10天断水为宜；其次是加强病虫害防治；第三是蓄养再生稻。

47. 水稻田的有害生物主要包括哪些？

稻田有害生物主要包括水稻害虫、病原菌（体）引起的病害、杂草、鼠害、鸟类等。

害虫可分为：食叶性害虫，如稻纵卷叶螟、稻苞虫、稻螟蛉、黏虫、稻蝗；钻蛀性害虫，包括螟虫（二化螟、三化螟、台湾稻螟、大螟）、稻瘿蚊、稻秆潜蝇等；刺吸性害虫，主要有稻飞虱、稻叶蝉、稻蜡类、稻蓟马等；食根性害虫，如稻象甲、稻水象甲、蝼蛄等。

病害分为：真菌性病害，如纹枯病、稻瘟病、稻曲病、穗腐病、恶苗病、叶鞘腐败病等；细菌性病害如白叶枯病、细菌性条斑病、细菌性基腐病、细菌性颖枯病等；病毒性病害如条纹叶枯病、黑条矮缩病、黄矮病等；线虫病害，如干尖线虫病、根结线虫病等。

稻田常见杂草有稗草、鸭舌草、千金子、莎草类等。鼠害主要有田鼠；鸟类主要是麻雀。

48. 水稻主要病害及其防治关键措施有哪些？

（1）**水稻纹枯病** 又名水稻云纹病、花脚秆，属真菌性病害，分蘖期开始发病，主要危害叶鞘、叶片，严重时侵入茎秆蔓延至穗部。叶鞘发病时先在近水面出现水渍状暗绿色小点，逐渐扩大呈椭圆形或云形病斑。严重时叶片干枯，稻株不能正常抽穗，病斑蔓延至穗部，造成瘪谷增加，粒重下降，可造成倒伏或整株枯死。湿度大时或感病品种上，菌丝扭结成菌核，初为浅白色，后期变为黄褐色或暗褐色，扁球形或不规则形，菌核以少量菌丝连接于病部表面，容易脱落。

纹枯病防治最佳时期在分蘖末期至抽穗期。防治方法：打捞菌核，减少菌源。施足基肥，早施追肥，不可偏施、迟施氮肥，增施磷、钾肥。用水原则为前浅、中晒、后湿润。用药方法为：每亩用 5％井冈霉素水剂 150～200 毫升，或 25％三唑酮（粉锈宁）可湿性粉剂 50～75 克，或 30％爱苗 15～20 毫升兑水喷雾于发病部位。

（2）水稻稻瘟病 又名稻热病、火烧瘟等。根据发病时期和危害部位分为苗瘟、叶瘟、节瘟、穗颈瘟等。叶瘟典型病斑为牛眼状，初为铁锈红色，后中间枯白；穗颈瘟受病原菌侵染后变成鼠灰色或黑褐色死亡，造成白穗或瘪谷。防治措施：①选用适合当地的抗病品种，且品种合理搭配及适期更替。②加强对病菌小种及品种抗性变化动态监测，及时喷药防治。③根据不同发病时期选用合理的药剂进行防治。

（3）水稻白叶枯病（细菌性病害） 又称白叶瘟、茅草瘟等，主要危害水稻上面 3 片叶，使其枯死。主要危害叶片和叶鞘，病斑从叶尖和叶缘开始，后沿叶缘两侧或中脉发展成波纹状长条斑，病斑黄白色，病健部分界限明显。后期病斑转为灰白色，向内卷曲。防治关键是早发现、早防治、封锁或铲除发病株和发病中心。秧田在秧苗三叶期及拔秧前 2～3 天用药；大田在水稻分蘖期及孕穗期初发病阶段，特别是出现急性型病斑，气候有利于发病时应立即施药防治。

白叶枯病种子消毒：稻种在药剂消毒处理前，先晒种 1～3 天，促进种子发芽和病菌萌动，以利杀菌，随后用风、筛等选种，然后消毒。

大田药剂防治：秧田和本田初见病株或发病中心时、出现发病中心或病株的田、大风暴雨后发病田及其邻近稻田、受淹稻田和易感病品种田。每亩用20％叶青双可湿性粉剂，或20％龙克菌胶悬剂、90％克菌壮可溶性粉剂、77％氢氧化铜可湿性粉剂、25％叶枯灵可湿性粉剂兑水喷雾防治。

（4）水稻条斑病（细菌性病害）　简称水稻细条病。主要危害叶片，病斑初期沿叶脉扩展的暗绿色或黄褐色纤细条纹，宽0.5～1.0毫米，长3.0～5.0毫米，后期病斑增多并愈合成不规则形或长条状枯白色条斑，对光观察病斑为许多半透明小条斑愈合而成。防治方法同白叶枯病。

49. 水稻主要虫害及其防治关键措施有哪些？

（1）稻纵卷叶螟　属食叶性害虫，完全变态昆虫，从卵—幼虫—化蛹—成虫（蛾）为一个世代。初孵幼虫一般先爬入水稻心叶或附近叶鞘或旧虫苞中，虫量大时可几头幼虫聚集在叶尖、叶片一侧边缘小虫苞，二龄幼虫则一般在叶尖或叶侧结小苞，三龄开始吐丝缀合叶片两边叶缘，将整段叶片向正面纵卷成苞。幼虫取食叶片上表皮与叶肉，仅留下表皮与叶脉，叶苞上现白斑。危害严重时，田间虫苞累累，甚至植株枯死，一片枯白，造成空壳率增加，千粒重降低，影响产量。

防治措施：①采取农业防治。合理施肥，防止偏施氮肥或施肥过迟。结合稻田管理，在幼虫孵化期间烤田，或在化蛹盛期管水，减轻受害程度。②采用物理防治。安装频振式杀虫灯诱杀成虫、稻田养鸭、保护青蛙等都有较好的防治效果。③生物防治。每亩用杀螟杆菌、青虫菌等含活孢子量100亿/克的菌粉150～200克，兑水60～75千克喷雾；也可在产卵始盛期至高峰期分期分批释放赤眼蜂，每亩每次放3万～4万只，隔3天一次，连续3次。④药剂防治。在分蘖期有效虫量40头/百丛、穗期20

头/百丛以上即可防治，以幼虫盛孵期或二三龄幼虫期高峰期为宜。亩用5％氟虫腈胶悬剂20～30毫升，或25％毒死蜱乳剂每亩70～80毫升、80％杀虫单粉剂35～40克等药剂兑水50～60千克于田间喷施。

（2）水稻螟虫 属钻蛀性害虫，完全变态昆虫，从卵—幼虫—化蛹—成虫（蛾）为一个世代，主要包括二化螟、三化螟、大螟、台湾稻螟、褐边螟等，俗称钻心虫、蛀心虫。

二化螟危害症状：水稻苗期和分蘖期初孵幼虫先群集在叶鞘内危害，造成枯鞘；长至二三龄幼虫，分散蛀入茎内，危害枯心；水稻孕穗期和抽穗期，幼虫蛀入危害，造成死孕穗和白穗；乳熟期危害造成虫伤株。枯心和白穗成团出现时，致田间出现枯心团或白穗群，严重威胁水稻生产。

二化螟防治适期在幼螟盛孵期。①农业防治，主要是消灭越冬虫源、灌水灭蛹和选用抗病品种等。②物理防治，安装频振式杀虫灯诱杀成虫、稻田养鸭、保护青蛙等都有较好的防治效果。③药剂防治。分蘖期孵化高峰后5～7天，每亩有"枯鞘团"100个或枯鞘率1％～1.5％；或破口期株害率0.1％时，进行药剂防治，每亩用25％杀虫双水剂200～250毫升，或用20％三唑磷乳油100毫升，或5％氟虫腈悬浮剂40毫升，兑水50～60千克喷雾。

三化螟危害症状：幼虫蛀食水稻茎秆，分蘖期受害，心叶纵卷成假枯心造成枯心苗；孕穗期受害造成枯孕穗；破口抽穗期受害造成白穗；灌浆期受害造成虫伤株。

三化螟枯心苗的防治适期在每亩"危害团"超过50～60个或丛危害率2％～3％时进行。预防白穗的适期在破口期每亩卵块超过100～120个时防治，若发生量大，齐穗期再防治一次。农业防治措施主要是冬季消灭越冬幼虫；开春化蛹盛期灌水淹没稻根3天，杀死稻茬内越冬蛹。药剂防治同二化螟。

（3）水稻稻飞虱 为刺吸性吸汁害虫，属不完全变态昆虫，一个世代只有卵—若虫—成虫。主要包括褐稻虱、白背飞虱、灰飞虱，前两者直接危害水稻造成减产，后者主要传播条纹叶枯病病毒。褐稻虱危害症状：成虫、若虫都能危害，一般群集于稻丛下部，用口器刺吸水稻茎秆汁液，消耗稻株营养、水分，并在茎秆上留下褐色伤痕、斑点，分泌蜜露因其叶片烟煤并引起其他腐生性病害，严重时稻丛下部变黑色，逐渐全株枯萎。被害稻田先在田中间出现"黄塘""穿顶"或"虱烧"，甚至全田枯死，早期受害颗粒无收，后期受害严重减产。褐飞虱还是齿叶矮缩病的传毒媒介。

防治措施：水稻分蘖至圆秆拔节期平均虫量700～800头/百丛、孕穗期500～600头/百丛、齐穗期800～900头/百丛、乳熟期1 500头/百丛以上时进行防治。具体措施：①农业防治。采取连片种植，合理布局，防止褐飞虱迁回转移、辗转危害；科学管理肥水，做到排灌自如；合理用肥，防止田间封行过早、稻苗徒长荫蔽，增加田间通风透光率，降低湿度；选用抗虫品种；保护利用自然天敌。②物理防治。安装频振式杀虫灯诱杀成虫、稻田养鸭、保护青蛙等。③化学防治。若虫孵化高峰至二三龄若虫发生盛期，采用"突出重点、压前控后"策略，选用高效、低毒、选择性农药进行防治。每亩用25％扑虱灵可湿性粉剂10克，或10％吡虫啉可湿性粉剂20～30克兑水50千克喷雾，也可以用5％氟虫腈胶悬剂30～40毫升兑水50千克喷雾防治。

注意事项：稻飞虱多集中在植株基部取食危害，应将药剂喷到基部；水稻生育后期，尤其是超级杂交稻郁闭的大田应加大用药量；飞虱对扑虱灵、吡虫啉产生强抗药性的稻区应注意药剂轮换施用。

白背飞虱危害症状与褐飞虱相近，防治适期、标准、方法、注意事项基本相同。

50. 稻谷收购与仓储有哪些注意事项和要求？

（1）**稻谷收购注意事项**　稻谷收购是稻谷从种植进入加工贮运的关键环节，严格把好收购质量关，才能保证稻米加工贮藏期间的质量。收购时应注意：①把好水分关。籼稻谷水分含量不能超过13.5%，粳稻谷含水量不能超过14.5%。②把好杂质关。杂质总量不能超过1.0%。③控制好安全指标。农药残留、重金属等要符合有关标准要求。④把好病虫污染关。尤其是稻曲病、穗腐病等对人体有害的相关毒素，若清理不净会污染原粮，应严格防止病粮和虫粮入库。

（2）**仓储要求**　稻谷和大米在仓储过程中极易受湿、热、虫、霉的影响，产生米质"陈化"和发霉变质，影响其食味品质。稻谷陈化表现为米粒变黄、脂肪酸值含量上升、食味变差。贮存时间越长，陈化愈重。不同类型稻米中糯米陈化最快，粳米次之，籼米较慢。稻谷含水量高、贮藏环境温度高则陈化快，反之则慢。稻谷在常温下贮存一年后即有陈化现象，贮存4~5年即已不能食用。因此，稻谷仓储的时间以一年内为宜，最多不宜超过3年。

大米加工后失去谷壳保护，胚乳外露，更易陈化。水分大、温度高、加工精度差、糠粉多，大米陈化速度快，反之则慢。因此成品大米若没有特殊贮存条件应在加工半年内食用，超过半年则陈化加快，食味品质就会下降。

稻谷和大米储存时不得露天堆放。仓库必须清洁、干燥、通风、无鼠虫害。成品大米堆放必须有垫板，离地10厘米以上，距墙20厘米以上，不得与有腐败变质、有不良气味或潮湿的物品同仓库存放。稻谷和大米入库须依照先进先出原则，依次出库。包装材料应清洁、卫生、干燥，大米无毒、无异味，符合食品卫生标准，所有包装应牢固，不泄露物料。稻谷运输途中应防止与带有化学物质的物品、有害气体及液体等混装，造成有毒有害物质交叉污染。

51. 如何选购优质大米？无公害大米、绿色食品大米、有机食品大米三者的区别是什么？

(1) 大米内在品质和加工品质 根据我国农业行业标准，优质粳米和优质籼米的内在品质指标包括直链淀粉含量、蛋白质含量、糊化温度、胶稠度、食味蒸煮品质、水分等。该标准规定品种品质三等以上（含三等）为优质食用稻品种，其中如籼米三等以上品种直链淀粉含量在 $15.0\% \sim 24.0\%$；粳米三等以上品种直链淀粉含量在 $20.1\% \sim 22\%$。直链淀粉含量高低对大米食味好坏有直接关联，是目前相关标准判定优质与否的关键指标之一。

大米的加工品质指标主要有：加工精度、光泽、不完善粒（未熟粒、虫蛀粒、病斑粒、生霉粒、糙米粒）、杂质（包括糠粉、矿物质、带壳稗粒、稻谷粒）和碎米率等。我国国家标准将大米按照加工精度分为特等、一等、二等、三等。

(2) 食用安全检测项目 稻米食用安全的主要污染因素有四大方面：①有毒有害菌类、植物种子。主要包括毒麦、曼陀罗籽及其他有毒植物种子，其有毒成分主要为黑麦草碱、毒麦灵等多种生物碱。②真菌毒素。大米中常见的有黄曲霉毒素 B_1、赭曲霉毒素 A。黄曲霉毒素具有强致癌力，且有显著积累毒性，是已知致癌力最强的致癌物质；赭曲霉毒素 A 是曲霉属和青霉素某些菌种产生的二次代谢产物，具有遗传毒性，可引起 DNA 损伤和基因突变，危害人类健康。③重金属等污染物。多数金属在体内有蓄积性，半衰期较长，能产生急性和慢性毒性反应，还可能产生致畸性、致癌、致突变等作用。④农药残留。农药施用过量时将对人畜产生不良影响或通过食物链对生态系统中的生物造成毒害。目前水稻生产中大量使用的农药主要包括有机磷类、有机氯类、菊酯类、氨基甲酸酯类及其他部分除草剂农药。根据国家标准规定，大米食用安全检测项目有农药残留、污染物（重金属元素）、真菌毒素、食品添加剂等。

（3）选购好米 消费者选购好大米时尽量做到"四看一闻"：一看色泽，是否是精白色或淡青色，有无光泽，是不是呈半透明的角质米；二看形态，颗粒是否整齐、均匀，表面是否光滑，组织结构是否紧密完整；三看碎米粒和杂质是否超标；四看有无黄粒米、霉变粒和病斑粒；一闻是闻大米是否有新鲜的清香气息。

（4）无公害食品大米、绿色食品大米、有机食品大米的区别

无公害食品大米：是指产地环境、生产过程中除生物性农用资料外，允许定性定量使用化学合成生产资料，产品加工及质量卫生等符合相关国家标准或行业标准、技术规范的要求，经专门机构认证，获得产地认定证书和产品认证证书并允许使用无公害农产品标识的食用大米。

绿色食品大米：是遵循可持续发展原则，按照特定生产方式生产，经权威专门机构认定，许可使用绿色食品标识，无污染的安全、优质、营养类食用大米，绿色食品大米分为 A 级和 AA 级两种。

有机食品大米：是指来自有机农业生产体系，按照可持续发展原则和有机农业或有机食品相关标准要求进行生产、加工，生产过程中不使用化学合成的农药、肥料、生长调节剂、食品添加剂等物质，不采用基因工程获得的产物，产品质量卫生等符合国家有关质量标准要求，并经国家认证认可专门机构依法批准的独立认证机构认可的、许可使用国家有机产品统一标识的食用大米。

第二部分 | 经济作物

JINGJI ZUOWU

一、 | 棉花

52. 棉花一生分为哪些关键生育时期？不同生育时期养分吸收规律是什么？

(1) 棉花的生育时期

播种出苗期： 指从播种到出苗所经历的时间。该阶段的主要特点是棉籽萌发出苗。

苗期： 棉花从出苗到现蕾所经历的时间为苗期。棉花苗期是以长根、茎、叶为主的营养生长阶段，并在2～3片真叶期，开始花芽分化，进入孕蕾期，棉苗转入营养生长与生殖生长的并进生长阶段。根系是棉花苗期的生长中心，现蕾时主根下扎达70～80厘米，上部侧根横向扩展达40厘米左右，是根系建成的重要时期。

蕾期： 棉花从现蕾到开花称为蕾期。棉花现蕾后则进入营养生长与生殖生长并进生长时期，棉株既长根、茎、叶、枝，又进行花芽分化和现蕾，但仍以营养生长占优势，以扩大营养体为主。

花铃期： 从开花到吐絮称为花铃期。花铃期可分为初花期和盛花期，初花期经历15天左右。初花期是棉花一生中营养生长最快的时期，株高、果节数、叶面积的日增长量均处于高峰，根系生长速率虽已减慢，但其吸收能力最强；生殖生长明显加快，主要表现为大量现蕾，开花数渐增，脱落率一般较低，全株仍以营养生长为主，生殖器官干重只约占总干重的12%。

进入盛花期后，株高、果节数、叶面积的日增量明显变慢，生殖生长开始占优势，运向生殖器官的营养物质日渐增多，此时生殖生长主要表现为大量开花结铃。叶面积系数、干物质积累量均达到高峰期。此期是营养生长与生殖生长、个体与群体矛盾集中的时期，往往亦是蕾铃脱落的高峰期。因而，该阶段是减少蕾铃脱落、增结伏桃的关键时期。

吐絮期：从吐絮到收花结束称为吐絮期。进入吐絮期，棉株营养生长逐渐停止，棉株下部少数棉铃已成熟吐絮，随时间的推移，棉铃由下向上、由内向外逐步充实、成熟、吐絮，根系的吸收能力渐趋衰退，棉株体内有机营养几乎90％供棉铃发育，是铃重增加的关键时期。

（2）棉花不同生育时期养分吸收动态规律 棉花苗期以根生长为中心，吸收N、P_2O_5、K_2O的数量占一生吸收总量的5％以下。此期虽然吸收比例小，但棉花植株体内含氮、磷、钾百分率较高。

蕾期植株生长加快，进入营养生长与生殖生长并进阶段，根系迅速扩大，吸肥能力显著增加，试验结果表明，吸收的N、P_2O_5、K_2O占总量的27.8％、25.3％、28.3％。

花铃期是产量形成的关键时期，棉株在盛花期营养生长达到高峰后转入以生殖生长为主，试验结果表明，吸收的N、P_2O_5、K_2O分别占一生总量的59.8％、64.4％、61.6％，吸收强度和比例均达到高峰，是棉花养分的最大效率和需肥最多的时期。因此，保证花铃期充足的养分供应对实现棉花高产极其重要。

吐絮期棉花长势减弱，吸肥量减少，叶片和茎等营养器官中的养分均向棉铃转移而被再利用，试验结果表明，棉株吸收的N、P_2O_5、K_2O分别占一生总量的7.8％、6.9％、6.3％，吸收强度也明显下降。

53. 如何构建棉花合理的群体结构？如何控制棉花徒长？

(1) 棉花合理群体构建 要获得高产，必须采取以合理密植为中心的综合农业技术措施，使棉花全生育过程有一个合理的动态群体结构（图 9）。生产上有三种类型的棉花群体结构：①小株密植。以利用横向空间为主，接近于平面采光的群体结构，它适用于一些旱薄地、无霜期短的地区以及生育期短的麦后直播棉。②中壮株密植。以纵横空间并重利用，接近于曲面采光的群体结构，它适用于中等肥力棉田，有利于中产变高产。③大株稀植。在充分利用横向空间的前提下力争利用纵向空间，接近于立体采光的群体结构，它适用于高肥水和较长的有效生育期的棉田，有利于高产。

理想的株型、叶片的大小和适宜的封行期与光能利用有极密切的关系。棉株有适当的株高，主茎节间较长，叶小向上翘，果枝上仰而较短，这种株型能提高中下层的受光量，有利于减少脱落。一般认为高产棉花花铃期最适叶面积系数为 3～4，并有一个合理的动态指标。试验表明，亩产 100 千克左右皮棉，要求苗期叶面积系数 0.03，现蕾期 0.2，开花期 1.5，盛花期 3.5，不宜超过 4，吐絮期 2.5 左右。高产棉田要求叶面积系数在 3 以上能维持 1 个月左右的时间，并要适当控制叶片大小和保证群体有一定数量的叶片。

棉花的最佳封行期是"带桃封行"；封行程度是"下封上不封，中间一条缝"，以利通风透光，使下层光强在光补偿点以上，即地面有拳头大的光斑，才能保证下层叶片及根系的营养，减少脱落多结铃。

(2) 控制棉花徒长

棉株徒长现象： 棉株茎、枝、叶等营养器官的过度生长，使营养生长与生殖生长失去平衡的现象，俗称疯长。棉花自现蕾开始，营养生长与生殖生长有较长时间是同步进行的。如营养生长过快，则生殖生长受到抑制，会导致减产。控制棉株徒长，使营养生长与生殖生长保持均衡发展，对夺取丰产有重要意义。

徒长的原因：主要是施用肥、水过多。现蕾期至开花初期是棉花一生中营养生长最快，碳、氮代谢最旺时期。如氮肥供应过多，就会造成碳、氮代谢比例失调，使碳水化合物大量用于合成含氮化合物。含氮化合物比重的增大会促使营养器官过度生长。另外，如果苗、蕾期氮肥施用量大，雨季来临早或蕾期浇水后遇雨，也易引起徒长。

控制徒长的方法：①合理施肥、灌水。要求苗肥少施，蕾肥稳施，肥沃棉田可不施基肥及苗、蕾肥。在浇足底墒水的基础上，苗期尽可能不浇水，蕾期适当推迟浇第一次水的时间，以进行"蹲苗"。②使用生长调节剂。主要施用缩节胺。一般每亩用缩节胺粉剂0.8～1克，于现蕾期至开花初期喷洒1～2次，能使棉株营养生长减慢，节间缩短，主茎矮壮。③深中耕，切断部分根系，抑制棉株过度生长。发现棉株有徒长趋势时，用中耕器在棉行一侧近根处深中耕（12～16厘米），切断部分侧根，能短时期地控制徒长。如一周后仍继续徒长，在另一侧再行深中耕。④利用整枝进行控制。棉株出现徒长时，可打去部分主茎叶。

图9　棉花覆盖栽培（左：地膜覆盖；右：膜下滴灌）

54. 棉花蕾铃脱落的主要原因及其防御途径有哪些？

（1）**蕾铃脱落的一般规律** 蕾铃脱落包括开花前的落蕾和开花后的落铃。一般棉田落铃率高于落蕾率，但旱薄地和虫害较重的棉田，落蕾多于落铃。从蕾铃脱落的日龄看，蕾的脱落，从现蕾至开花前都有可能脱落，但大多发生在现蕾后 10～20 天内，20 天后的蕾，除虫害和严重干旱、雨涝引起脱落外，很少有自然脱落。

棉铃的脱落主要发生在花后 3～7 天内的幼铃，而以开花后3～5 天脱落最多，8 天以上的棉铃很少脱落。从蕾铃脱落的时期看，在棉花初蕾期除受虫害和自然灾害外，几乎没有脱落，随着现蕾数和开花数的增加，脱落也逐渐增多，进入盛花期后出现脱落高峰，以后脱落又逐渐减少。

从蕾铃脱落的部位看，一般情况下，下部果枝脱落少，中、上部果枝脱落多，靠近主茎内围果节上的脱落少，远离主茎外围果节上的脱落多，但在棉株徒长或种植过密的情况下，常常出现中、下部蕾铃的大量脱落，形成高、大、空棉株。

（2）**蕾铃脱落的原因**

光照：光照是影响蕾铃脱落的重要因素，光线不足影响光合产物的制造和向蕾铃的转运，造成蕾铃有机养料缺乏而脱落。在肥水过多、枝叶旺长而荫蔽的棉田，群体中、下部光强不足是导致蕾铃脱落的主要因素。

水分：水分供应不足或过多，影响有机养料的积累和转运。水分供应不足，植株处于水分和养分胁迫状态，光合产物的制造和积累减少，营养体矮小，蕾铃脱落增多。水分供应过多，特别在氮肥过多条件下，光合作用制造的有机养分被过多地用来建造营养体，引起棉株徒长，造成营养生长与生殖生长失调，蕾铃得不到足够的有机营养而脱落。当雨水过多、棉田积水时，由于土壤通气不良，根系的呼吸和吸收机能受到抑制，光合强度降低，有机营养不足，造成蕾铃脱落。开花时下雨，花粉粒遇雨膨胀破裂，丧失生活力，影响子房受精，导致棉铃脱落。

温度：高温（高于 35℃）降低光合作用强度，呼吸作用加强，过多消耗有机养料，导致蕾铃脱落，特别是开花盛期遇到高温、低湿天气，幼铃的脱落加重。

肥料：土壤肥力低，施肥量又少，棉株生长瘦弱，根系发育不良，叶面积小，光合作用减弱，有机养料制造少，蕾铃脱落多。如果在肥地棉田，施用氮肥过多，营养生长过旺，有机营养供给蕾铃的少也会导致蕾铃的大量脱落。

(3) 增蕾保铃，减少脱落途径　单位面积所结铃数是决定棉花产量高低的重要因素。减少蕾铃脱落，必须在增结蕾铃、增加单位面积总铃数的前提下提高成铃率才有意义。不然，即使脱落率降低了，单位面积总铃数没有增加，也不会获得高产。

棉花蕾铃脱落的原因是多方面的，不同类型棉田减少蕾铃脱落的途径也不尽相同。在选用结铃性强、抗病虫、丰产优质品种的基础上，首先要改善肥水条件，合理调节肥水供应，协调营养生长和生殖生长；其次是合理密植，建立合理群体结构，改善棉田通风透光条件；第三，加强病虫害的综合防治。

55. 棉纤维的发育规律是什么？

(1) 棉纤维的形态结构　棉纤维是由形成棉籽种皮的胚珠外珠被表皮细胞形成的单细胞。纤维发育过程中，细胞处于停止分裂的状态，形成单细胞性质的成熟棉纤维，在结构、细度和强度等方面有着良好的一致性，具理想的纺纱、染色性能。一根成熟的棉纤维，从外形上看，大体可分为基部、中部和尖部。成熟纤维的横断面，多是椭圆形或圆形，由许多同心圆组成，可分为初生壁、次生壁和中腔三部分。初生壁为纤维细胞的原生细胞壁，由果胶和纤维组成，外部是蜡质、果胶质、脂肪和树脂组成很薄的角质层。次生壁为棉纤维的主体部分，几乎全由纤维素组成，呈轮纹状层次，称为纤维日轮。次生壁的厚度与纤维强度相关，成熟纤维的次生壁厚，中腔小，纤维强度大。纤维最里层为中腔，是细胞壁停止增厚时留下的腔室。

（2）棉纤维的生长

纤维伸长期：此期大致与棉铃的体积增大期相吻合，从开花起，经 20～30 天纤维伸长接近最大长度。因该阶段以纤维伸长为主，故称为纤维伸长期。这一时期是决定纤维长度的关键时期，如遇到干旱，会使纤维长度伸长不足。

纤维加厚期：这个时期大致相当于棉铃内部充实期，纤维壁加厚最快，历时 25～35 天。由于昼夜温差，在纤维的横截面上呈现明显的层次，称为日轮，陆地棉纤维 20～30 轮。纤维素的淀积受温度和光照影响很大，20～30℃时，光照充足，随温度升高淀积加快；20℃以下，淀积受到影响；15℃以下淀积停止。

纤维捻曲期（脱水成熟期）：此期大致相当于从裂铃到充分吐絮，历时 5 天左右。即随棉铃开裂，纤维失水，中腔内残留的原生质逐渐干涸，使棉纤维收缩成扁管状。由于小纤维束呈螺旋状排列，而螺旋方向忽左忽右的变化，在纤维变干时产生内应力，使纤维形成捻曲。一般成熟良好的纤维，纤维次生壁较厚，中腔较小，捻曲也较多；成熟差的纤维，中腔较大，纤维次生壁较薄，纤维捻曲也较少；不成熟的纤维，细胞壁很薄，几乎无捻曲；过熟纤维，由于中腔小，捻曲也少。捻曲多的纤维，在纺纱时纤维间的抱合力大，纺纱强度大。在此期遇雨不利于形成捻曲，易造成僵瓣，影响纤维品质。在秋季雨水较多的地区或年份，可把即将吐絮的棉铃摘下，采取人工辅助方式（如乙烯利蘸浸等）可促进棉铃开裂、脱水。

56. 棉花常用的生长调节剂有哪些？

生长调节剂能有效地塑造株型，协调营养生长与生殖生长之间的矛盾，从而提高产量和品质。生产上棉花常用的生长调节剂，根据其生理功能的不同，大致可分为三类。

（1）促进型生长调节剂 主要有920、802等，920作用强度较大，浓度不易把握，故目前生产上已不多用，它们主要用于营养钵育苗移栽和灾后恢复生长。

802又名复硝钾，能促进棉花提早发芽出苗。苗床施用802后，棉苗粗壮，根系发达，抗逆性强，移栽后缩短缓苗期3～4天。一般可用1 000～2 000倍液拌种，2 000～8 000倍液在栽前1～3天苗床泼浇。也可在移栽时用3 000～4 000倍液浇定根水。另外，对有早衰趋势的棉田可用4 000倍"802"加1％～2％的尿素叶面喷施2～3次。

据报道，ABT生根粉也能加快棉籽发芽出苗进程，提高出苗率，促进棉苗主根增长，侧根增多。

（2）延缓型生长调节剂 主要有缩节胺、助壮素、调节氮、矮壮素等。缩节胺、助壮素又名皮克斯，化学名称为1，1-二甲基哌啶鎓氯化物。缩节胺为97％的粉剂，助壮素为25％的水剂。缩节胺抑制细胞伸长而不抑制细胞分裂，抑制茎叶生长而不抑制性器官的发育，使棉株矮化，株型紧凑、茎粗、叶色加深，协调营养生长与生殖生长。生产上一般用100毫克/升的缩节胺拌种，并堆放6小时，盛蕾初花期用50～100毫克/升，打顶前后用100毫克/升的缩节胺喷施。对贪青晚熟棉田可于8月中旬到9月上旬喷施100～150毫克/升的缩节胺，控制无效蕾及嫩枝叶生长，以利集中养分结铃。

矮壮素化学名称是2-氯乙基三甲基氯化铵，其生理功能与缩节胺相似。苗床用20毫克/升的矮壮素喷施，可起到与搬钵相类似的效果，有旺长趋势的棉田在蕾期用 10～20 毫克/升，盛蕾初花期用 30～40 毫克/升的矮壮素喷洒棉株顶部，即可抑制徒长。

(3) 催熟剂 目前主要用乙烯利，其化学名称是 2-氯乙基磷酸，在常温 pH < 3 的水溶液中稳定，当它被植物吸收后，在植物细胞中 pH > 4 的情况下，即分解出乙烯而起作用。目前生产的乙烯利，含有效成分 40%。乙烯利应用于贪青晚熟的棉田，可增加棉花产量，提高棉花品质，同时提早 7～10 天拔秆，一般每亩用药 100～150 克兑水 50 千克，要求均匀喷在棉铃上，喷药后几天内气温不低于 20℃，即喷药时间不能太晚，如果气温低于 20℃，则不能发挥作用。

57. 抗虫棉病虫害防治的注意事项有哪些?

随着抗虫棉的大面积推广应用，可减少化学农药用量50%～80%，有效地减轻了环境污染，保护了天敌，促进了棉田乃至整个农田生态系统的良性循环，棉田生态系统发生了较大变化，棉铃虫、棉红铃虫危害已降为次要地位，而棉叶螨、棉蚜、棉蓟马、棉盲蝽、棉叶蝉、白粉虱、斜纹夜蛾等上升为主要害虫。其病害仍以苗期的立枯病、炭疽病，生长中、后期的黄萎病、枯萎病为主。有些对钾肥敏感的抗虫棉品种，在土壤缺钾的棉区，棉花红叶茎枯病上升为主要病害。

转基因抗虫棉不是"无虫棉"。

(1) 抗虫性的时空变化 转基因抗虫棉抗虫的时空性包括两个方面：①指棉株不同的发育时期对棉铃虫的抗性不同。②指棉株的不同部位、不同器官的抗虫能力也不同。研究表明，抗虫棉的抗虫性随着棉株生育期进展而降低，即抗虫棉的杀虫活性主要在棉铃虫的第一代和第二代，而在第三、第四代时明显降低；在同时期内，棉株营养器官的抗虫性较生殖器官要强，即叶、蕾、铃、花，其中以花蕾的抗性最弱，棉田中的幼虫多在花蕊中找到。所以，转 Bt 基因棉在受第二、第三代棉铃虫危害较重的黄淮海棉区抗虫性比较好，而在受第三、第四代棉铃虫危害较重的长江流域棉区抗性较弱。

（2）抗虫范围狭窄 现有抗虫棉的抗性比较单一。目前，生产上推广应用的抗虫棉品种只能对棉铃虫、红铃虫、造桥虫鳞翅目害虫产生抗性，而对危害棉花的其他重要害虫，如棉蚜、棉蓟马、棉叶螨、白粉虱等抗性较差。转 Bt 基因抗虫棉棉田棉蚜、棉叶螨、棉蓟马、盲蝽、棉叶蝉、白粉虱、斜纹夜蛾等发生危害呈加重的趋势。

（3）害虫抗性的问题 用抗虫棉在室内逐代汰选棉铃虫初孵幼虫，抗虫棉对汰选种群的抗性等级由"高抗"级分别降低为"抗"和"中抗"级。大量试验表明，棉铃虫对抗虫棉会产生抗性。这就存在着不仅 Bt 抗虫棉会失效，而且 Bt 生物农药也会失效的巨大隐患。

（4）安全性问题 转基因抗虫棉的安全性问题包括三个方面：①抗虫棉对环境或生态的影响。②棉铃虫产生抗性的隐患。③抗虫棉的棉籽及其加工品对人、动物的影响。

58. 棉花、小麦双高产栽培技术要点有哪些？

该技术产量目标：小麦每亩 500 千克，籽棉每亩 250～300千克。技术核心为棉花基质育苗移栽（提前 30～50 天育苗），小麦满幅播种，棉花在小麦收获后移栽，实现棉、麦两熟双高产。

（1）小麦栽培要点 小麦选用适宜当地栽培的耐密植高产品种，抢时早播，播前增施基肥，浇透底墒，提高整地质量，确保一播苗全、苗匀。冬小麦于 10 月底播种，3 月拔节，4 月孕穗，4 月底至 5 月上旬抽穗，6 月上、中旬机械化收获。

（2）移栽棉栽培要点　在这种栽培模式中，棉花的生育进程为：5月育苗，6月移栽，7月集中现蕾，8月集中开花，9月下旬集中吐絮，10月中下旬集中收获。棉花采用基质育苗移栽，有条件的可采用工厂化育苗和机械化移栽。

（3）品种选择　选择早熟抗病转基因抗虫棉品种。黄河以南选用生育期120天以内的早熟春棉品种，移栽密度为每亩2 500～3 000株；也可选用短季棉品种，移栽密度为每亩3 500～4 000株。黄河以北只能选用短季棉品种，移栽密度为每亩4 500～6 000株，自南向北依次增加。

（4）育苗　4月底至5月上旬播种育苗，用播种基质苗床或基质穴盘法育苗。育苗标准：苗高15～20厘米，真叶2～3片，栽前红茎比50%，无病斑，根多、密且粗壮。

（5）移栽　为抢时移栽，6月上、中旬抢收小麦，并抓紧时间旋耕整地和施底肥。人工移栽棉苗时，栽深7厘米以上。移栽前旋耕，撒施底肥，一般每亩施氮、磷、钾比例为15∶15∶15的复合肥30～40千克。7月中旬前每亩追施尿素10～15千克，高肥水地可不追肥。移栽后灌溉1次。

（6）打顶和化学调控　黄河以南每株留10～12个果枝，黄河以北每株留10个果枝。打顶时间不能迟于7月中旬，此为"时到不等枝"。打顶前期看苗、看长势轻控1～2次，弱苗可不控；打顶后7～10天重控1次，每亩用缩节胺5克左右，长势旺的可再控1次。后期晚熟棉田可喷乙烯利催熟，但要求气温在20℃以上，时间在10月中下旬。

（7）注意事项　选择无病或轻病田开展麦茬移栽棉栽培，杜绝麦田连续使用除草剂。采用该技术须具备灌溉条件，无灌溉条件地区不宜推广。采用综合种苗技术，即先育春棉或蔬菜瓜果，移栽后再育麦茬棉，可以降低成本。晚播小麦采用"四补一促"，即：选用良种，以种补晚；提高整地质量，以好补晚；增加播量，以密补晚；增施肥料，以肥补晚；科学管理，促壮苗、多成穗。

该技术适宜在黄河流域棉区北纬 32°～40°的麦、棉两熟或一熟地区种植带推广。

59. 棉花留种要注意哪些问题？

棉花留种可以节省开支，提高植棉的经济效益。留种选择品种纯度高的地块，要选择无病虫害的棉株，要抛开田边地头而在地中央选种，要选择"伏桃"，要用完熟的"干花"。在选留种时，一定要注意以下几个问题：

(1) 不要选杂交棉品种 杂交棉品种 F_2 代的分离现象十分严重，应避免留种。

(2) 不要选病虫害严重的棉株 枯萎病、黄萎病是制约棉花产量的顽症，棉籽又是病菌的载体，病菌可以随着棉籽迅速传播。因此，对感枯萎病、黄萎病的棉株和抗虫性不好的棉株一定要淘汰，在重病地表现良好的棉株也不可以留种。

(3) 不要选伏前桃和晚秋桃 伏前桃和晚秋桃生长发育不良，种子发芽率低，长势弱，成熟度差，铃重轻。

(4) 不要用喷施过乙烯利的棉籽 喷施乙烯利虽可促棉花早熟 5～7 天，但对棉籽损伤较大，致使其发育不全，不能作种。

(5) 不要用退化严重的品种 棉花是常异花授粉作物，异交率在 3%～20%，抗虫棉品种在经过几年的连续繁殖过程中，如果不加以提纯复壮，常因昆虫传粉而造成生物学混杂。对纯度不高的地块应避免留种。

(6) 不要在水泥地面上晒种 在水泥地面上晒含水量较高的棉籽，会使部分棉籽形成"哑籽"，失去发芽能力。

(7) 不要与农药、化肥一起存放 有些农户将棉籽与农药、化肥长期存放在一起，由于通气不良，且农药、化肥散发的有毒气体损伤棉籽正常的生理，造成发芽率锐减。

二、 大豆

60. 大豆有哪些营养特点？现代大豆加工有哪些新技术？

(1) 大豆的特点 大豆在古代称"菽"，是我国七大粮食作物之一。大豆营养丰富，含有蛋白质、脂肪、无机盐、亚油酸、维生素 E 和卵磷脂等多种有效生理活性成分，并富含人体所必需而自身又不能合成的 8 种氨基酸。大豆蛋白质含量高达 40%，比牛肉、瘦猪肉、鸡蛋还高。其中人体所必需的氨基酸种类较齐全，是一种优质蛋白。大豆富含赖氨酸，可以补充谷类食物赖氨酸含量不足的缺陷。大豆脂肪含量高达 20%，且富含油酸和亚油酸，这类不饱和脂肪酸具有降低胆固醇的作用，对预防血管硬化、高血压和冠心病大有益处。大豆无机盐中的钙、磷、铁易被人体消化，是贫血病人的有益食品；大豆富含磷脂胆碱等对神经系统有保健作用的物质以及维生素 E 等抗衰老物质。大豆卵磷脂对防止中老年痴呆和记忆力减退有特殊功效。

传统豆制品有水豆腐（嫩、老豆腐；南、北豆腐）、半脱水制品（豆腐干、百叶、千张）、油炸制品（油豆腐、炸丸子）、卤制品（卤豆干、五香豆干）、炸卤制品（花干、素鸡等）、熏制品（熏干、熏肠等）、烘干制品（腐竹、竹片）、酱类（甜面酱、酱油）、豆浆、豆奶等。豆制品中湖南长沙臭豆腐，安徽歙县毛豆腐，北京"王致和"豆腐乳，广东"海天牌"黄豆酱更是家喻户晓；还可生产组织蛋白、脱脂豆粉、精炼油、色拉油等制品；还是食品、医药、化工、纺织、军工、畜牧等行业的重要原料。

（2）**现代大豆加工新技术**　近年来，大豆加工产业广泛采用了一些高新技术。其中，生物工程技术是通过遗传工程和酶工程，改进大豆蛋白的功能性质，拓宽其在食品工业的应用领域；高压处理技术、微波加热技术和辐照技术广泛应用于传统豆制品的杀菌处理；膜分离技术主要用于大豆蛋白的分离、回收、低聚糖和磷脂的提纯等方面。超临界流体萃取技术用于大豆皂苷、低聚糖、磷脂和维生素 E 等生理活性成分的提取和分离；微胶囊技术则用来实现粉末油脂、粉末磷脂等生理活性物质的包埋；挤压膨化是一种现代高温短时加工方法，用于生产纤维化大豆组织蛋白，超微粉碎技术主要用于生产超微蛋白粉或纤维素粉等利于消化吸收的功能性产品；蛋白改性技术是通过物理或化学修饰提高大豆蛋白的功能特性，如凝胶性、乳化性、气泡性等，有利于作为功能性食品配料而广泛应用。

61. 大豆引种应注意哪些问题？春大豆品种能否用作夏大豆种？毛豆品种与普通大豆有哪些区别？

大豆品种适应地区范围相对较窄。从南往北引种时，大豆品种会发生生育期延长，成熟期推迟，植株增高等变化；从北往南引种则大豆生育期会缩短，提早成熟，株、荚、粒变小。因此，生产上大豆引种不当会造成重大损失，甚至绝收。引种时应注意以下几个方面：①明确引种目标，弄清楚本地需要什么样的大豆品种。②引种那些通过国家或省级审定且符合本地区种植的大豆品种。③从气候相似地区间相互引种。气候相似是指品种原产地和引入地的无霜期、光照、水分、温度等主要气候因素相似。④引入本地的外来品种经过 2～3 年的鉴定后再进行推广种植。⑤充分掌握新引入品种的栽培技术要点，以方便后期管理。

东北和黄淮海均是我国大豆主产区。东北地区为春大豆区，应用品种为春大豆品种；黄淮海地区主要为夏大豆，应用品种为夏大豆品种，但也有少量春大豆种植。如果把东北春大豆品种引种到黄淮海地区做夏大豆种植，在高温短日照环境条件下，生育进程变快，生育期变短，开花早，成熟早，植株生长矮小，结荚少，荚粒小，产量低，因此东北春大豆品种不能在黄淮海地区作夏大豆种植。同样，黄淮海地区夏大豆品种也不能做春大豆种植，否则会导致生育期延长、植株生长繁茂，易倒伏，鼓粒成熟期处在高温高湿季节，生产的大豆籽粒易霉变，产量低，商品率低。另外，同一地区春大豆品种若作夏大豆种植，也会使生育期缩短，植株变矮，籽粒变小，产量降低。

毛豆即菜用大豆，是指豆荚鼓粒后期尚未转黄色前采收，以鲜豆作为蔬菜食用的专用大豆品种，其营养丰富、味道鲜美。毛豆一般具有以下特征：荚比较大，荚长大于 4.5 厘米，宽大于 1.3 厘米，百荚鲜重不小于 280 克，每 500 克鲜荚个数不多于 175 个；粒大，干种子百粒重不小于 25 克，鲜百粒重不小于 60 克。荚和种子颜色为浅绿色，荚上茸毛少，多为灰色，脐色较浅；口感香甜，质地柔糯。毛豆可溶性糖含量在 3.5% 以上，富含游离氨基酸和多种维生素。而普通大豆则是以收获干籽用的大豆的总称，一般荚果偏小，鲜豆粒偏硬，口感不如专用毛豆品种香甜柔糯。

62. 什么是转基因大豆？

转基因大豆是指利用现代生物技术手段，将其他生物的单一或一组基因（即目的基因）有目的地转移到我们需要改良的大豆（即目标品种）中，获得表达目的基因的品种。转基因有很强的目的性——只转移人类需要的基因，如高产、优质、抗病虫、抗逆或抗除草剂等，而将不需要的基因或有害基因排除掉，大大加快了大豆品种改良的进程。同时，现代生物技术还可以把亲缘关系较远的生物中的基因，甚至人工合成的基因转移到我们需要的大豆品种中，把自然的、传统的、人工杂交做不到的事情变成现实。

63. 大豆栽培技术有哪些特点？

(1) 大豆重茬迎茬减产　大豆重茬是指第一季大豆收获后，下一季继续种植大豆。迎茬是指第一季大豆收获后，第二季种植非豆科作物，第三季再种大豆即为隔季种大豆。大豆重、迎茬减产的主要原因有：病虫草害加重，甚至出现新的有害生物；大豆残茬腐解中间产物包括微生物代谢产物对大豆产生毒害和抑制作用；养分偏耗，如土壤磷含量下降。解决重、迎茬障碍的办法有：大豆收获后要及时耕翻，使有害生物和有害物质减少，用含有杀虫剂、杀菌剂和微量元素的种衣剂包衣；施足基肥，促进大豆根系生长；播种时适当加大密度；及时防控病虫害。

适宜种大豆的前茬作物有玉米、小麦、高粱、谷子、马铃薯等。不适宜种大豆的前茬作物有荞麦、甜菜、向日葵、油菜等。因为荞麦和甜菜吸肥量大，大豆产量较低；而向日葵为前作，大豆土传病害如菌核病加重。

(2) 黄淮海夏大豆免耕播种　黄淮海地区是小麦—大豆一年两熟区。小麦收获后由于时间紧、温度高、地面蒸发快，翻地播种费时、费工，容易跑墒，不利于大豆及时播种和出苗，生产上常用铁茬（板茬）播种和灭茬（除茬）两种免耕播种方式，其要点是：①选种。选用高产优质大豆品种；精选种子，做好发芽试验，保证种子发芽出苗率，确定适宜的播种量，一般每亩密度1.5万株左右，百粒重20克左右种子，每亩播量在5～6千克。②适期早播。黄淮海夏大豆在小麦收获后播种，一般早播产量高。麦收后抓紧抢种。一般6月上中旬为播种时期，宜早不宜晚，正常情况下不超过6月20日。③播种方式和方法。大豆采用机械播种，精量匀播，开沟、施肥、播种、覆土一次完成，有利于提高播种质量，出苗整齐均匀一致。一般行距40厘米左右，或宽窄行（宽行40～50厘米、窄行20～25厘米）播种，播种深度一般3～5厘米，土壤墒情好浅埋一点，墒情差深一点。④施肥。播种时施用大豆专用复合肥，一般每亩20～25千克，也可亩施磷酸二铵15千克、氯化钾10千克。种子与肥料分层，化肥深施，不可与种子混合。⑤足墒播种。播种时土壤含水量在20%左右为宜。若墒情不足要浇水造墒，或在播种适期内等雨抢墒播种。⑥防除杂草。免耕覆盖田易滋生杂草，可于播种后喷洒化学除草剂进行土壤封闭，或大豆出苗后用化学除草剂对杂草进行茎叶处理杀灭杂草。

(3) 大豆苗期怕水淹 大豆苗期根系少，分布浅，加上叶面积小，植株蒸腾量小，需水量也少，一般耐旱不耐涝。黄淮海地区夏大豆播种出苗后很快进入雨季，此间雨量较大，雨期较长。如果出现田间积水或土壤水分长期饱和，土壤透气性差、影响大豆根系呼吸，容易出现僵苗、烂根、叶色变黄、植株矮小等现象，以后的生长中，植株也不旺盛，对产量影响较大，一般减产20%以上，因此大豆播种前或播种后要立即开沟，解决大豆苗期生长期间雨季的排水问题，为大豆丰收奠定基础。

64. 大豆关键生育时期的管理特点是什么？

(1) 开花结荚期管理 ①巧施花荚肥。大豆花荚期长势较弱时，每亩可追施尿素3～5千克、过磷酸钙5～10千克，必要时配合硫酸钾。②及时灌溉。当植株叶片近中午有萎蔫表现时应及时浇水，灌水应在傍晚进行，部分地区最好采用喷灌，每次灌水量30～40毫米。③摘心或喷洒生长调节剂。大豆生育期出现徒长倒伏现象时，可喷洒生长调节剂进行控制。④及时防治病虫害。大豆开花结荚期病虫害较多，如大豆蚜虫、大豆灰斑病、大豆菟丝子等，应及时采取措施进行防治。

(2) 鼓粒成熟期管理 ①适时喷施叶面肥。每亩用 0.3～0.5 千克尿素和 70～100 克磷酸二氢钾兑水 30 千克，叶面喷施。②及时灌好鼓粒水。鼓粒成熟期正处于降雨高峰之后，土壤水分往往不足，有条件时可灌溉补水。③拔除田间杂草。④及时防治大豆食心虫等荚粒虫害。

65. 大豆主要病虫害及其防治措施有哪些？

(1) 大豆灰斑病 大豆感染灰斑病后，在叶、茎、荚、籽粒上都表现出症状，在叶部形成蛙眼状病斑，边缘褐色，中央灰白色，严重时坏死病斑占叶面积 60% 以上，有斑的部位不能进行光合作用，严重影响到光合作用。防治方法为：①种植抗病品种。②在花期每亩喷施 80% 多菌灵微粉剂 70 克＋菲蓝。

(2) 大豆黄萎病 大豆感染胞囊线虫病，形成大豆黄萎病。胞囊线虫寄生于大豆根皮层中，吸收营养，影响大豆生长发育。症状表现为病株主根及侧根少，根瘤显著减少或没有，植株矮小，叶片变黄，须根上附有大量白色小颗粒（线虫的孢囊）。防治方法：①轮作有效控制大豆胞囊线虫病，大豆与禾本科如小麦、玉米、谷子等 3 年以上的轮作，可有效防治。②种植抗病品种。③增施有机肥，提高地力。④药剂防治，采用辛硫磷等药剂喷施或种衣剂处理可有效防治大豆黄萎病。

(3) 大豆根腐病 刚刚出土的大豆幼苗感染根腐病，最初病状为子叶处水渍状软腐，渐变棕褐色，细缩。子叶上出现棕褐色略凹陷的病斑。大豆真叶展平至开花期，病害主要发生在第一节间处，并随生育进程可向上部节位扩展，在茎的一侧或环绕茎秆凹陷细缩，剖开茎部可见髓组织变褐。病株叶片枯黄，叶柄下垂不脱落，感病严重的植株枯萎死亡，感病品种成株期茎秆浅褐色，水渍状，可延伸到 10～11 节位，维管束变褐，中空易折。

病株荚数减少，空荚、瘪荚较多，籽粒多不饱满，根部须根和主根下半部均已腐烂。防治措施：①加强检疫，使用无病种子。②选用抗病品种。③加强田间管理，及时深耕及中耕培土，雨后及时排除积水防治湿气滞留。④发病地块轮作至少四年。⑤药剂防治，可用50％安克可湿性粉剂、25％甲霜灵可湿性粉剂按种子重量的0.2％进行拌种；田间发病时，可用50％安克可湿性粉剂1 500倍液、25％甲霜灵可湿性粉剂600倍液进行喷雾防治，7天喷一次，连喷3次。

三、 花生

66. 我国花生栽培品种有哪些类型？

根据花生荚果形状、开花型及其他形状，我国花生可以分为以下几种类型：

(1) 普通型 荚果为普通形，较大，壳较厚，果嘴不明显，网纹较浅，种子二室，籽粒椭圆形，种皮粉红或棕红色；茎枝较粗，分支较多；交替开花型，主茎不着花；花期较长，花量大；小叶倒卵形，叶色绿至深绿；生育期较长，春播140～180天；种子休眠期长，一般50天以上；种子发芽要求较高温度，一般15℃以上。其株丛形态有直立、半蔓生和匍匐三种。

(2) 珍珠豆型 荚果为茧形或长葫芦形，果较小，壳薄，网纹较细，种子二室，种子圆形或桃形；连续开花型，主茎可着花；开花期较短，花量少；分支性弱，无第三次分支；小叶椭圆形，叶片较大；株型紧凑，结果集中；早熟，生育期短，春播120～130天；种子休眠期短或无，收获时易田间发芽；种子发芽的温度较低，一般为12℃。株型均为直立。

(3) 龙生型 荚果曲棍形，有明显的果嘴和龙骨状突起，每荚3室或4室，种子圆锥形或三角形，种皮红色或暗褐色；交替开花型，主茎不着花；分支性很强，有三次以上分支；开花期长，花量多；叶片小、倒卵形，叶色深绿或灰绿；生育期长，春播150天以上；种子休眠期长；种子发芽温度高，一般15～18℃；株型匍匐，结果分散；抗旱、耐瘠性很强。

(4) 多粒型 荚果为串珠形，3～4室，果壳薄，网纹平滑，种子圆形或三角形，种皮紫红或深红色；连续开花型，主茎着花；分支性弱，无三次分支；株丛高大、直立，后期易倾倒；叶片大、椭圆形或长椭圆形，叶色浅绿或黄绿色；花期长、花量大、结果集中；成熟特早，生育期短，春播120天左右；种子休眠期较短，收获时易发芽。适宜在东北短生长期地区种植，其他地区易徒长，不宜密植，产量低。

(5) 中间型 荚果普通型或葫芦形，果形大或偏大，二室，果嘴明显，网纹浅或中等，株型直立，植株高大或中等，分支少；连续开花型，开花量大；生育期120~150天；适应性较广，丰产性好。

另外，从生态的表现型，又将花生分为直立型、蔓生型及半蔓生型三大类。按生育期长短分为晚熟种、中熟种和早熟种，划分标准是：晚熟种160天以上，中熟种130~160天，早熟种130天以下。按种子大小分为大粒种（百仁重80克以上）、中粒种（百仁重50~80克）和小粒种（百仁重50克以下）。

67. 花生生长对自然条件有哪些要求？

花生生长发育过程受到温度、水分、光照、土壤等自然条件的影响，因此对这些自然条件有一定的要求。

(1) 温度 花生是喜温作物，最高日平均气温低于20℃的地方，花生便不能正常结实。花生生长的适宜温度为25~30℃，35℃以上对花生生育有抑制作用，低于15.5℃时基本停止生长。昼夜温差过大，超过10℃以上，不利于荚果发育。白天26℃、夜间22℃最适于荚果发育。白天30℃、夜间26℃最适于营养生长。5℃以下低温约经5天，根系便会受到损伤，零下1.5~2℃，地上部便受冻害。全生育期需要积温，珍珠豆型花生为3 000℃左右，普通型及龙生型花生为3 500℃左右，当前生产上种植的中熟大花生为3 200℃左右。积温和开花结荚期的日平均气温高低及适温保持时间是制约花生生育的主要因素。

（2）水分 花生比较耐旱，但发芽出苗时要求土壤湿润，田间最大持水量70％为宜。低于60％，如天气继续干旱，易出现"落干"现象。出苗后，便表现了较强的耐旱能力。苗期需水少，开花期要求土壤水分充足，如20厘米深土层内含水量降至10％以下，开花便会中断。下针结荚期要求土壤湿润又不渍涝。花生全生育期降雨量500～1 000毫米较为适宜，降雨300～400毫米便可种植。多数产区水分对产量的影响主要是降雨分布不均。

（3）光照 花生对日照长度的变化不敏感。尽管长日照地区和短日照地区可以相互引种，但花生毕竟属于短日照作物，长日照有利于营养生长，短日照促进开花。在短日照条件下，植株生长不充分，开花早，单株结果少。光照强度不足时，植株易出现徒长，产量低。光照充足，植株生长健壮，结实多，饱果率高。

（4）土壤 花生对土壤的要求不太严格，除过于黏重的土壤外，一般质地的土壤都可以种花生。最适宜种花生的土壤是肥力较高的沙壤土。这种土壤通透性好，花生根系发达，结瘤多；土壤松紧适宜，有利于荚果发育，花生果壳光洁，果形大，质量好，商品价值高。黏质土壤，若采用覆膜栽培，保持土壤疏松，也可取得较高的产量。花生适宜微偏酸性的土壤，pH以6.0～6.5为好。适宜花生根瘤菌繁育的pH为5.8～6.2，适于花生对磷肥吸收利用的pH为5.5～7.0，6.5时最为有效。花生属于耐酸作物，pH到3.4的土壤仍能生长花生，但必须施用石灰等钙肥。花生不耐盐碱，在盐碱地就是发芽也易死苗，成长的植株矮小，产量低。花生是喜钙作物，在土壤中碳酸钙含量约达9％的陕北黄土高原，土壤pH虽高达9，花生每亩产量仍可达到300千克。

68. 花生轮作为什么能够增产？

花生"喜生茬，怕重茬"，轮作倒茬是花生增产的一项关键措施。试验证明,重茬年限越长,减产幅度越大。一般重茬一年减产 20％左右,重茬两年减产 30％左右。花生重茬减产的主要原因有以下几个方面。

(1) 花生根系分泌物自身中毒 其根系分泌的有机酸类,在正常情况下,可以溶解土壤中不能直接吸收的矿质营养,并有利于微生物的活动,但连年重茬,使有机酸类过多积累于土壤中,造成花生自身中毒,根系不发达,植株矮小,分枝少,长势弱,易早衰。

(2) 重茬导致营养缺乏 花生需氮、磷、钾等多种元素,特别对磷、钾需要量多,连年重茬,花生所需营养元素大量减少,影响正常生长,结果少,荚果小,产量低。

(3) 土壤传播病虫害加重 如花生根结线虫病靠残留在土壤中的线虫传播;叶斑病主要是借菌丝和分生孢子在残留落叶上越冬,翌春侵染危害。重茬花生病虫危害严重,造成大幅减产。

花生与其他作物轮作增产的原因:①花生与禾本科作物、甘薯或棉花、蔬菜轮作,由于需肥特点不同,能更充分地利用土壤中的养分,形成营养成分吸收利用互补。花生收获后,还能将根瘤菌固定的氮素遗留一部分于土壤中,增加氮素营养。②花生轮作改良土壤结构。花生与其他作物轮作,由于栽培条件不同,可以改善土壤的理化性状。花生根系较深,能把土壤中的钙集聚在土壤表层,增强土壤团粒结构;禾本科作物的根系较浅,能使土壤孔隙都增加,促进微生物的分解。如水稻连作,使土壤长期处于淹水状态,易造成土壤板结,孔隙度小,渗透性差,而与花生轮作,由于花生生活环境和栽培条件的改变,使土壤疏松,孔隙度增加通透性改善。③花生与不同属的作物轮作之后,使害虫失去适宜的生活条件,病原菌失去寄主,杂草没有共生环境,病、虫、草害会大大减轻。

各地可根据实际情况,合理安排轮作倒茬。主要轮作方式有:①花生—冬小麦—玉米(甘薯或高粱)—冬小麦—花生。

②油菜—花生—小麦—玉米—油菜—花生。③小麦—花生—小麦—棉花—小麦—花生。

69. 花生对氮、磷、钾等大量营养元素的需求特点有哪些？

花生出苗前所需的营养物质主要由种子本身供给，幼苗期由根系吸收一定量的氮、磷、钾等营养物质满足各个器官的需要。开花下针期，花生植株生长迅速，营养生长和生殖生长同时进行，这时是需肥量最大的时期。结荚期是营养生长的高峰期，也是重点转向生殖生长的时期，这时氮素、磷素集中在幼果和荚果，钾素集中在茎部，这时也是对钙吸收量最大的时期。饱果成熟期的根、茎、叶基本停止生长，吸收的各种营养逐步转移到荚果中，促进荚果的成熟饱满。

(1) 氮素 氮素直接或间接影响花生的代谢和生长发育过程。花生所需氮素主要来自根瘤固氮，在一般栽培条件下，花生所需氮素的 2/3 来自根瘤固氮。但随着氮肥施用量的增加，根瘤固氮量减少。氮供应适宜时，蛋白质合成量大，细胞分裂和增长加快，花生生长茂盛，叶面积增长快，叶色深绿，光合强度高，荚果果实饱满；氮供应不足时，蛋白质、核酸、叶绿素合成受阻，花生植株比较矮小，叶片瘦黄，分枝少，光合强度低，产量降低。氮供应过量，尤其是磷、钾配合不当时，植株会出现营养失调，营养体过旺徒长，生殖体发育不良，植株贪青晚熟或倒伏，结果少。

(2) 磷素 磷是花生遗传物质的必需成分，参与花生体内碳氮代谢过程，对植株光合作用、蛋白质的形成、油分转化等过程起着重要的作用。磷素供应充足时，促进花生根系发育，提高植株对不良环境的抗性；花生缺磷时，植株生长缓慢、矮小、分枝，根系发育不良，次生根较少，叶色暗绿无光泽，下部叶片和茎基部呈红色或有红线。花生苗期天气寒冷时常出现缺磷症状，当天气转暖、根系扩展后症状一般会消失。花生生育期适当增施磷肥，可促进根瘤发育，根瘤增大，数量增加，固氮量增加，起到了以磷增氮的效果。

(3) 钾素 钾有高速通过生物膜的特性，与多种酶进行活化，影响着花生的生长和代谢。钾供应充足时，植株生长快，酶的活性强，能够提高光合强度，钾能够促进氮素的吸收和根瘤固氮，提高抗旱、抗寒能力。钾能够平衡氮磷营养，消除因氮磷施用过量对植株造成的不良影响。花生缺钾时，叶片浓绿，由老叶开始在小叶边缘或叶尖出现黄斑，严重缺钾时叶色变褐色；叶片生长不均匀，出现卷曲或波纹，影响光合作用和物质运转，从而影响花生仁中脂肪的形成。适当增施钾肥能够提高花生的产量和品质。

(4) 钙 花生需钙量大，花生对钙的需要量高于磷，接近于钾，与同等产量水平的其他作物相比，为大豆的 2 倍，玉米的 3 倍，水稻的 5 倍，小麦的 7 倍。钙能够促进花生体内蛋白质和酰胺的合成，减少空秕率，增加荚果饱满度。荚果发育需要的钙主要依靠果针、幼果和荚果从土壤中直接吸收，因此钙可以作为基肥施用，施于结实层，利于荚果发育。花生缺钙则植株生长缓慢，根系苗弱，老叶边缘及叶面出现不规则白色小斑点，叶柄脆弱，新生叶片小，单仁果、秕果、空果增多，影响花生产量。

70. 花生控制下针（AnM）栽培法有哪些特点？

花生控制下针（AnM）栽培法是通过控制花生下胚轴的曝光时间和植株基部的大气湿度，促进内源激素乙烯的产生，从而控制下胚轴的伸长和果针的入土时间，减少过熟果和空秕果，达到果多果饱、优质高产之目的。具有出苗齐，生长壮，第一对侧枝发育快，下针集中，结果整齐，成熟一致的效果，一般增产20％左右，高者可达 35％以上，而且省工省力，适于机械化操作。技术要点如下：

（1）A环节　　主要是通过培土，引升子叶节，使其露出地面（或地膜），以便控制早期花下针。采用露地栽培的花生，播种后改扶平顶为尖形顶（其横断面很像一个大写字母"A"）；平地播种时，则在播种后将播行扶成尖形顶的粗垄。垄顶距种子约为 8 厘米，在下胚轴长约 3～4 厘米时（一般在播后 10 天左右），撒去垄顶上的浮土，仅在子叶上面保留 1 厘米厚的薄土层。撒土时可用铁筢子背或立着手掌进行，熟练后也可使用其他器具。撒土的具体时间，最好在下午 3～4 时，此时，由于芽苗在土内尚未曝光，下胚轴继续伸长，一般到第二天清晨子叶节即可升出地面（出苗前的撒土实际取代了常规栽培中出苗后的清棵）。平播的细沙地，在花生出苗顶土出现细小裂缝时，以锄推抹播行，弥合裂缝，防止芽苗过早曝光，也能起到引升子叶节位作用；个别已短时曝光的芽苗，弥合裂缝后重又处于黑暗环境，下胚轴在一定范围内仍能伸长，继续升高子叶节位。采用地膜覆盖栽培的花生，改常规栽培中的起垄筑畦覆膜为平地覆膜成畦，播种后在地膜表面的播种穴上，覆以 5 厘米高的锥形土堆，以延迟芽苗曝光时间，促使胚茎继续伸长，待子叶节自行升出膜面后，再把小土堆撒回畦沟内；若在子叶节升出膜面前遇雨而使土堆结块，应及时采取措施，消除土堆上的裂缝，防止芽苗过早曝光。花生出苗后，只要田间基本无草，表土也不板结，一般不进行中耕；需要中耕时，可采用退行深锄垄沟的办法，锄只前拉不推抹，更不能破垄，以利侧根深扎。出苗不全的地块，可就近移苗补栽。移栽时开深穴，并使移栽苗的子叶节高出地面，然后填细土至下胚轴长度的一半，浇两遍水，水渗下后再填土封穴，一般经 5 天左右即可缓苗，比补种效果好。

（2）n环节　　主要是控制下针。在花生初花期，通过中耕，将垄两侧的土锄向行间,使垄形成"n"状窄埂;即使行间的土高于垄行,也要使花生行变成窄埂状。这样,有利于通风散湿,降低植株基部空间的大气湿度,同时加大果针与地表的距离,从而是减慢果针的伸长速度,达到控制早期花下针结实的目的。n环节形成的窄埂,一般高度为5厘米左右,顶宽6~7厘米。平作花生实施n环节时,可把株行锄成W形使植株位于W形的中峰,行间变成高而窄的土垄。覆膜栽培的花生,通过A环节的引升作用,子叶节升出膜面后,在膜面温度高、风速较大、大气温度较低的环境中,早期花针的下扎已经受到控制,故生产上一般不再实施n环节。

(3) M环节 主要是通过扶垄,解除对下针的控制,一般于下针盛期实施。实施方法是:用带草环的、锄板稍小些的大锄,先打破表土板结层,然后在垄行中间深锄猛拉,带土扶垄,使花生行自然形成既胖且陡、顶宽不少于20厘米的凹(M)形垄;土壤肥力低的地块,扶垄前可先向n状窄埂的植株下面每亩撒施尿素2.5千克,优质过磷酸钙10千克,以促进植株的生长发育。花生封垄时,再划锄垄沟,使垄体增高、加厚,以利抗旱排涝和促进荚果发育。覆膜花生实施M环节的方法是:于下针盛期,在植株基部,直径约为20厘米的膜面上,撒一层1厘米厚的细土,以助针入膜,增加结果数。

71. 花生各个生育时期都有什么特点?

(1) 播种出苗期 从播种到全田50%的植株第一片真叶出土并展开称为播种出苗期。此期一般春播10~15天,夏播6~8天。花生为子叶半出土作物。花生播种需要的适宜墒情是相对含水量为60%~80%;种子发芽的最适温度为25~37℃;萌芽出苗期间,呼吸旺盛,需氧较多。栽培上要求一播全苗,苗齐苗匀。

（2）幼苗期 从出苗到全田 50％的植株开始开花称幼苗期。此期是侧枝分生、根系伸长的主要时期，但根重增长很慢，只占总根重的 26％～45％；苗期地上部生长相当缓慢，干物质积累仅占全生育期 10％左右，但此期生理活动比较活跃，叶片含氮率 3％～5％，是一生中最高的时期，氮素代谢占显著优势。苗期的长短与温度、光照及土壤水分有密切关系。一般春播需25～35 天，夏播 20～25 天。地膜覆盖缩短 2～5 天。

苗期主要特点：①主要结果枝已经形成。②有效花芽大量分化时期。③根系生长快，根系和根瘤形成期。④营养生长为主，氮代谢旺盛。

（3）开花下针期 从 50％的植株开花到 50％的植株出现鸡头状幼果为开花下针期。此期春播花生一般 25～35 天，夏播花生早熟种仅 15～20 天。

开花下针期特点：①叶片数迅速增加，叶面积迅速增长。②根系继续伸长，同时，主侧根上大量有效根瘤形成，固氮能力不断增强。③大量开花成针，花量占总花量的 50％～60％。④大量果针入土，形成果针数可达总数的 30％～50％。⑤这一时期所开的花和所形成的果针有效率高，饱果率也高，是将来产量的主要组成部分。⑥需肥水较多的时期。

（4）结荚期 从 50％植株出现鸡头状幼果到 50％的植株出现饱果为结荚期。春播花生需 30～40 天，夏播花生 20～30 天。地膜覆盖可缩短 4～6 天。

结荚期的特点：①是花生营养生长与生殖生长并盛期。②是营养体由盛转衰的转折期。③是花生荚果形成的重要时期，该期所形成的果数占最终单株总果数的 60％～70％，是决定荚果数量的关键时期。④是花生一生中吸收养分和耗水最多的时期，对缺水干旱最为敏感。

（5）饱果成熟期 从 50％的植株出现饱果到荚果饱满成熟收获称为饱果期。北方春播中熟品种约需 40～50 天，晚熟品种约需 60 天,早熟品种 30～40 天。夏播一般需 20～30 天。

饱果成熟期特点:①营养生长逐渐衰退,生殖生长为主。②根系吸收下降,固氮逐渐停止。③叶片逐渐变黄,衰老脱落,茎、叶营养大量转向荚果。④果针数、总果数基本上不再增加。⑤饱果数和果重大量增加,占总果重的 50%～70%,是产量形成的主要时期。⑥饱果期耗水和需肥量下降,但对温、光仍有较高的要求。

72. 夏直播花生高产栽培技术要点有哪些?如何确定花生是否成熟?

(1) 高产栽培技术 夏播花生指在小麦、油菜、马铃薯等夏作物收获后直播的花生。夏花生由于具有生育期短、生长发育快的特点,在高产栽培中,一切措施要从"早"字出发,按技术规程要求进行栽培管理。

选好品种和安排好茬口: 夏花生的品种选择,应根据当地无霜期的长短和夏花生的有效生长期来决定。一般中熟或偏早熟品种都可以选用。夏花生的前后茬作物很多,小麦是夏花生的主要前茬作物,又是后茬作物,形成小麦、花生一年两熟制。所以小麦宜选用耐迟播、早熟、高产的半冬性品种,使花生有充足的生长发育时间,有利于荚果发育,提高产量。

晒种、选种: 播种前要晒果 1～2 天,晒后剥壳。剥壳的时间离播种期越近越好,剥壳要结合粒选。如果用种子筛选种,筛选后再用人工把霉籽、机械损伤籽等不能作种的拣出来。精选后的种子要分别处理,一般一级种子种丰产田,二级种子种大田,三级种子用作加工等其他用途。

精细整地,足墒下种: 花生种子的顶土能力弱,前茬作物收获后贴茬播种是不能保证种子顺利发芽出土和苗壮生长的。因此,夏收后要抓紧时间整地,把土地平整好,使播种时开沟、覆土一致。麦收时矮茬割麦，施肥、造墒、浅耕灭茬。如果墒情不好，要进行浇水。播种时要求土壤含水量为田间土壤持水量的60％～70％。灌溉方法应选择喷灌或小沟灌溉。

抢时早播，增温壮苗：在无霜期短、两茬不足一茬有余的地区，要获取夏花生和小麦两茬双高产，必须在播种期上抢"早"，抓住农时，最大限度地使两茬作物充分利用各地的热量资源。如黄淮、江淮、长江流域两茬作物的播种适期：小麦在10月上中旬播种，夏花生在6月上中旬播种，花生生育期确保115～120天。夏直播花生植株个体生育较小，须增加密度，以获取群体高产。

加强田间管理：①前期促早发。花生出苗后及时清除压埋播孔的土墩，抠出侧枝。始花后如遇伏前旱，轻浇润灌初花水，以促进前期有效花大量开放。花生齐苗后，防治蚜虫和蓟马，杜绝病毒病的传播。②中期保稳长。始花后10天左右，根据病情每10天喷药1次，共喷3～4次，防治叶斑病、网斑病或锈病。结荚初期发现蛴螬、金针虫危害，及时用药液灌穴或颗粒毒沙撒墩。伏季高温多湿，三代棉铃虫大发生时，及时用药喷杀。在始花后30～35天，如植株生长过旺，有过早封行现象，可在叶面每亩喷施30～75毫克/千克多效唑水溶液50升，以抑制营养生长过旺，增加荚果饱满度。③后期防早衰。结荚后期及时向叶面喷施尿素和过磷酸钙水澄清液1～2次，以延长顶叶功能期，提高饱果率。饱果成熟期，如遇秋旱，应及时轻浇润灌饱果水，以保根保叶，增加荚果饱满度。

（2）确定花生成熟 花生开花期较长，每株上的荚果形成时间和发育程度很不一致，成熟度差异很大，其成熟期很难确定。一般以大部分荚果成熟时，即珍珠豆型品种饱果率达到75％以上时，中间型中熟品种饱果率达到65％以上时，普通型晚熟品种饱果率达到45％以上时，作为花生的成熟期。

花生荚果成熟的标志是：果壳硬化，网纹相当清晰，内果皮白色的海绵组织收缩，裂纹加大，多数品种种子挤压处的内果皮呈现黑褐色的斑片。我国花生产区的农民习惯上把这种壳内着色的荚果称作"金里"或"铁里"，这是荚果成熟的良好标志。如饱果成熟期遇旱，或受其他因素影响，种子未能充分饱满，则直到叶落、茎枯，果壳依然外黄里白，内果皮并不着色。

73. 花生主要病害的发病规律及防治措施有哪些？

(1) 花生叶斑病

症状及危害：花生叶斑病是花生最普遍且危害相当严重的病害，主要危害叶片和叶柄，托叶和茎次之。发病多从叶部较老叶片开始，逐渐向上部叶片蔓延。发病初期，叶片上形成铁锈色很小的病斑，以后逐渐变大，叶片正面形成黄褐色圆形或不规则形、直径 1～10 毫米大小不一的病斑。病斑边缘有明显的黄色晕圈，病斑上带有暗灰色霉层，老病斑表面常生有黑色小粒。每叶一般有病斑 10 个左右，严重时可达 60 多个，常相融合成不规则形，导致叶片卷缩而脱落。

花生叶斑病的发生，使叶绿素受到破坏，影响了叶片的光合作用，发生严重常造成叶片提前脱落，甚至整株枯死。导致花生单株结果数减少，饱满度差，产量下降，严重时减产可达 20％～50％。

发病条件：花生叶斑病发病适宜温度为 25～28℃，80％以上的相对湿度有利于病害的发展。研究结果表明。空气中孢子量、气候因素与花生叶斑病病情指数存在着显著的相关关系。在阴雨连绵、湿度大的年份，只要温度适宜，病害就会迅速蔓延。

防治措施：①农业防治。选用抗病品种，加强栽培管理。抓好深耕细耙，氮、磷、钾三要素合理施足，并补充钙素。适期播种，合理密植，适时中耕，使植株健壮生长，增强抗病力。轮作倒茬，秋后深耕销毁病株，减少来年病源。②化学防治。可用70％甲基硫菌灵可湿性粉剂1 000～1 500倍液或50％多菌灵喷第一次药，间隔10天左右，再喷第二次。一般年份喷药2～3次基本上可以抑制该病的流行。

（2）花生茎腐病 花生茎腐病俗称倒秧病、烂腰病、掐脖瘟，对花生的危害很大，是一种暴发性病害，一般年份病株率为15％～20％，发病重年份，病株率高达60％以上，甚至连片死亡，造成绝收。应引起重视，加强防治。

危害症状：病原先浸染子叶，发生黑褐色腐烂，然后侵染茎基部或地下茎部，产生黄褐色水渍状的病斑，后变黑褐色，绕茎扩展成环形病斑，叶柄全部下塌，整株萎蔫，在土壤潮湿时，病部表面呈黑色软腐，后期病斑上着生小黑粒点，是病原的分生孢子期。土壤干燥时，病部表皮呈琥珀色透明状，紧贴茎上，内部组织变褐干腐，茎部干缩。

发病规律：该病菌在土壤中的病残株和种子上越冬，是翌年初次浸染的主要来源。另外，粪便也可传染，田间主要是靠雨水径流、大风、农事操作等传播。病菌浸染最有利时期为苗期，其次为结果期。气候条件，10天之内在5厘米地温稳定在20～22℃时，田间即出现病株。

防治措施：①选用优良抗病品种。②收管好种子。用做种子的花生要及时收获，及时晒干，存放于通风干燥处，防潮、防霉变。选用无病种子，播种前要精选、晒种，以利于发芽出土。③种子处理。用25％菌百克乳油，按种子重量的0.1％拌种，或用50％多菌灵可湿性粉剂，按种子重量的0.3％拌种。④药剂喷雾。生长期用50％多菌灵可湿性粉剂600倍液或70％硫菌灵＋50％多菌灵粉剂喷雾，在花生齐苗后和开花前后各喷一次，或者发病初期喷1～2次，用普力克800～1 000倍液喷雾还可兼治花生根腐病、立枯病、叶斑病等。

（3）花生白绢病 花生白绢病又叫白脚病，茎基部组织软腐呈纤维状，表皮脱落，湿度大时病部产生白色绢丝状病丝，并产生油菜籽状菌核。

危害症状：白绢病多在花生成株期发生，侵染植株的主要部位是接近地面的茎基部，也危害果柄及荚果。受害部位变褐软腐，病部有波纹状病斑缠绕茎基，表面覆盖一层白色绢丝状菌丝，直至植株中下部茎秆。当病部养分被消耗后，植株根茎部组织纤维状，从土中拔起时易折断。土壤湿润、行间荫蔽时，病株周围也布满一层白色菌丝体，在菌丝体当中形成大小如油菜子，色乳白至茶褐的菌核。子房柄感病后，开始发生淡褐色伤痕。病部组织逐渐腐烂，在收获时最为明显。腐烂的子房柄将荚果遗留土中，造成大幅度减产。

发病条件：病菌以菌核或菌丝体在土壤中及病株上越冬。一般菌核分布在3～7厘米的表土层内，菌核及菌丝萌发的芽管，从花生根茎部的表皮直接侵入，使病部组织腐烂，造成植株枯死。病菌主要借流水、昆虫传播。据试验，种子能带菌传染。高温多雨情况下发病重。长期连作，由于田内大量积累病原菌的菌核和病残体，病害逐年加重。

防治措施：①种植抗病品种。目前还没有高抗的品种，但品种的抗病力有差异。②轮作倒茬，深耕改土，将菌核和病株残体翻入土中。花生收获后及时清除田间的病株残体，集中烧掉或沤粪。③药剂防治。药土拌种：用种子重量0.25％的25％多菌灵拌种，先将药粉5～10倍的细干土掺匀配成药土，花生种子先用水湿润种皮，然后再用药土拌种。茎部喷施：每亩40％菌核净80克兑水75千克，于7月下旬至8月上旬喷洒植株茎基部。

四、烟草

74. 烟草育苗和移栽技术特点是什么？

(1) 育苗新技术

漂浮育苗技术：即在温室或塑料棚内利用成型的聚苯乙烯格盘作为载体，装填以人工配制的适宜基质后，将格盘漂浮于含有营养成分的育苗池水中，完成种子的萌发及成苗过程的烟草育苗方式。成苗要求为：苗龄 55～75 天，单株叶片数 6～8 片，茎高 10～15 厘米，茎围 1.8～2.2 厘米。烟苗健壮无病虫害，叶色正绿，根系发达，茎秆柔韧性好，烟苗群体均匀整齐。

托盘育苗：在育苗棚内，采用母床播种，大十字期时将烟苗假植于塑料托盘内，完成成苗过程的烟草育苗方式。成苗要求为：苗龄 55～75 天，单株叶片数 8～9 片，茎高 8～12 厘米，茎围 1.8～2.2 厘米。烟苗健壮无病虫害，叶色绿至浅绿，根系发达，茎秆有柔韧性，群体整齐一致。采用膜下移栽烟苗的栽培方式时，叶片数 5 片左右，茎高 4～6 厘米。

沙培育苗技术：是将烟草包衣种子播于填满沙体的苗盘孔穴内，放置或漂浮于装有一定量的洁净水或一定浓度营养液的育苗池中，在苗棚内，播种至大十字期进行干湿交替的湿润育苗，在大十字期至成苗进行漂浮育苗的一种育苗方式。成苗要求：苗龄 55～75 天，单株叶片数 7～8 片，茎高 10～15 厘米，茎围 1.8～2.2 厘米。叶色正绿，茎秆柔韧性强，清秀无病，根系发达，抗逆性强，整齐均匀。

湿润育苗技术：湿润育苗采用的育苗盘和托盘育苗相同，为聚乙烯塑料格盘。在育苗前期，一般是播种至封盘期，苗盘放置于含有养分的营养液中，水深维持在 1.0～1.5 厘米；此后至成苗，苗池中的水分撤去，水分和养分不再由营养液供应，而是改为喷施供应。因此湿润育苗可以分为两个阶段，前期浅水阶段（或称湿润阶段），后期为干湿交替阶段，此期的育苗管理方式和托盘育苗一样。因此从实质上讲，湿润育苗是一种改进的托盘育苗技术。优点在于：①基质精细化，出苗整齐。②采用直播一段式育苗，降低了成本。

（2）移栽 是大田栽培的开始，是烟草生产的关键环节。

移栽期：适宜移栽期是把烟草大田生长期安排在最适宜的气候条件下，充分利用有利因素，避开不利因素，合理安排好前后作物，以满足烟草生长发育对气候条件的要求，使烟株生长发育良好，获得优质适产。确定移栽期，一般需依据气候条件、种植制度、品种特性和播种期综合考虑。移栽时气温达 15～18℃、土壤 10 厘米深处温度达 12～13℃，并有稳定上升的趋势，才能使烟草移栽后早发快长。

栽植密度：合适的移栽密度，可保证烟株充分利用温、光、水、肥、气等生态条件，烟株个体生长发育良好，群体结构合理，协调烟叶品质与产量之间的矛盾，达到优质适产的目的。密度过大，田间通风透光不良，烟株个体发育不健壮，茎秆细，叶片较小较薄，烟叶产量虽高，但品质变差；密度过小，田间通风透光条件好，个体发育健壮，株高叶大，烟叶产量和品质均不理想。因此，生产上确定种植密度时，必须考虑品种、当地自然条件和栽培条件等因素综合，以形成合理群体结构为目标，充分利用光能和地力，从而达到优质丰产的目的。

移栽方法：烟草移栽有平栽和垄栽，开沟栽与穴栽，机械栽与手工栽之分。若按浇水的先后，又可分为干栽和湿栽，近年来还发展了膜下小苗移栽、井窖式移栽等多种方式。

75. 烟叶吸食质量及评价方法？

烟叶吸食质量是指烟叶燃烧时，吸烟者对香气、吃味的综合感受，包括香气、吃味、劲头、杂气、刺激性、余味等。评吸是为了较为准确地评价烟叶及制品的内在质量，为烟制品配方提供依据。评吸还具有保持烟制品固有质量风格、合理选用香精香料、指导优质烟叶栽培、调制和发酵的意义。

（1）烟叶吸食质量评价指标

香气：香气是吸烟时，由鼻腔感受到的令人愉快的气息情况。香气好的烟叶在吸食时给人以愉快的感觉。香气有香气类型、香气质、香气量之分。烤烟香气中又有清香、浓香和中间香型的差别。

吃味：是各种化学成分燃烧时反映在口腔内的酸、甜、苦、辣、涩等感觉的总称。糖类化合物过多，则吃味平淡，刺激性小；含氮化合物含量太高，会使吃味辛辣、苦涩、刺激强烈。好的烟叶吃味是烟叶中糖类化合物和含氮化合物酸碱平衡协调的结果。

劲头：是指吸烟者的生理感受强度大小，是吸烟者主要追求的目标之一。烟碱是产生生理强度的主要物质，烟叶中一定含量的烟碱是消费者所追求和必需的，但是如果超出一定的量，会影响烟叶的吃味，产生辛辣味和刺激性。烟气的劲头是烟气对喉部产生的一种生理强度反应，有强、中、弱之分。不同的人对劲头的要求程度不同。

杂气：是指吸烟时鼻腔感受到的令人不愉快的气味。主要有青杂气、焦枯气、土杂气、松脂气、花粉气、烧鸡毛气和其他地方性的不良气味。这些杂气往往是由烟叶在栽培、调制、贮运、加工过程中造成的，土杂气和其他地方性杂气主要是地方土壤条件对烟叶内化学成分的影响造成的。

刺激性：是指烟叶或卷烟燃吸时，对口腔内酸、甜、苦以外的一种刺、辣、呛等不愉快的感觉。刺激性是烟味不醇的表现。在烟叶配方过程中，通常用调整配方结构和加香加料措施，尽量减少烟叶的刺激性。

余味：是指烟气从鼻腔、口腔中呼出后，在口腔中遗留下来的味觉感受。如纯净舒适或者辛辣、滞舌等不纯净舒适的感觉。不纯净舒适的余味和刺激性是两个截然不同的概念。

（2）**评吸前的准备**　评吸前的准备包括样品烟的准备、评吸人员的生理和心理准备，以及评吸环境的准备。样品烟应平衡水分。一般来说，含水率越高，烟味就越淡，刺激性减弱；而含水率越低，烟味就越浓，刺激性就越大。评吸人员要身体健康，味觉、嗅觉、视觉灵敏；有执著的兴趣和爱好，具有专业知识；评吸前应好好休息，调整心态，保持头脑清醒，感官灵敏。评吸环境要安静无声，通风良好，无异杂气味干扰。

（3）**评吸方式和方法**　评吸方式包括单一评吸、对比评吸、三点检验评吸和密封评吸。评吸的基本方法采用局部循环法和整体循环法两种。局部循环法是指在评吸时只用部分感觉器官进行评吸。当烟气吸入口腔后，在口腔内稍作停留，然后通过鼻腔徐徐呼出烟气。整体循环法是用最大吸烟量将烟气吸入口腔，稍作停留，用鼻腔控制呼吸，由鼻腔呼出烟气后，改用口腔吸入空气，烟气自然向喉部运动，在该过程中应判断烟气浓度、细腻程度和对上颚的刺激性，当烟气接触喉部时应判断有无刺激性和劲头大小。当烟气到达喉部时咽下烟气，然后迫使烟气从鼻腔呼出，判断香气、杂气、烟气的协调性以及对鼻腔的刺激性，之后再感受一下余味和对舌根的苦涩味。

（4）**烟叶的安全性**　吸烟与健康问题的提出，使得烟叶安全性越来越受到重视。

化学农药残留：农药在烟叶中的残留，即使燃烧也很难分解，农残进入人体后影响人体的代谢、损伤肝肾、毒害神经或致癌，对吸食者危害较大。农残检测项目包括呋喃丹、涕灭威、抑芽敏、吡虫啉等。

烟叶和烟气中的有害化学成分：烟叶中已被鉴定的化学成分有 2 549 种，烟气中有 3 875 种，其中 1 135 种两者共有，最近又有一些微量或痕量的成分被鉴定出来。烟气中主要有害物质有：气相物中的一氧化碳、氮的氧化物、丙烯醛、挥发性芳香烃、氢氰酸、挥发性亚硝胺等，粒相物中的稠环芳烃、酚类、烟碱、亚硝胺（尤其是烟草特有亚硝胺）和一些杂环化合物及微量的放射性元素等，以及共存于气相和粒相中的自由基。

76. 烟草大田管理与采收有哪些技术要点？

烟苗移栽后的大田管理是保证烟叶优质适产的重要环节，大田管理措施主要有大田保苗、中耕培土、打顶抹杈、防止底烘与预防早花等。

(1) 大田保苗 烟草是移栽密度较稀的作物，单株产量、产值对群体产量、产值的贡献较大，避免缺窝、断行，确保单位面积的烟株数量，是实现优质适产的重要条件。烟苗移栽后 2～7 天进行查苗补缺，补苗不能太晚，以免田间烟苗长势不一致。及早防治地下害虫，大田生长初期，因地老虎、金针虫、蝼蛄等地下害虫的危害，造成缺窝断行。当田间烟苗长势不一致时，为提高烟田的整齐度，可对过大的烟苗掐去下部叶的一部分，以控制其生长。对较小的烟苗则应采取施"偏心肥"，浇"偏心水"等措施，以促进其生长，从而保证大田烟苗长势一致。

(2) 中耕培土 中耕可疏松土壤，提高土温，调节土壤肥力；蓄水保墒，调节土壤水分；蹲苗促根，提高土壤通透性；清除杂草、减少病虫害。中耕除草分两次进行：①第一次中耕一般在移栽后 10～15 天摆小盘前进行，以锄破土表、消灭杂草为目的。锄土深度为 5～7 厘米的浅中耕。②第二次中耕在栽后 20～

25 天摆大盘前后进行，以疏松根标土壤、促进根系生长为目的，这次中耕，株间要深锄，根周围浅锄；同时用细土壅根，称为小培土。

(3) 防止底烘　底烘是指烟株下部叶未达到正常成熟时期就提前发黄或枯萎的现象。一般在旺长后期至采收前发生，底烘分为三种情况：由于光照不足导致的底烘称为"饿烘"；因土壤水分不足导致的底烘又称为"旱烘"；因土壤水分过多导致的底烘称为"水烘"。一旦发生底烘，应及时采收底烘烟叶，改善田间通风透光条件，防止底烘进一步向上发展，尽量减少损失；也可喷施 0.5％的尿素溶液，以改善下部叶片的营养条件和生理机能，对延缓烟叶的衰老有一定的效果。

(4) 打顶抹杈　烟草以收叶为目的，因此，在烟草栽培中应及时除去花序即打顶，减少养分消耗，集中养分供应叶片生长，提高烟叶的产量和品质。打顶包括打顶时期、打顶高度与留叶多少等。打顶时期与打顶高度、留叶数密切相关，打顶时期早，则打顶高度低，留叶数少，反之亦然。

打顶后，烟株每一个叶腋可再生 2～3 个或更多的腋芽，影响主茎叶片的生长和充实，所以，除在一定条件下酌留 1～2 个腋芽培育杈烟外，其余腋芽在萌芽后应及时抹掉，否则就会和不打顶一样，烟株中下部叶片不充实，油分少，弹性差，吃味和香气都降低。生产上，抹杈可分为人工抹杈和化学抑芽两种。

(5) 烟田除草　大田初期，由于烟草生长速度较慢，若防除杂草不及时，很容易造成杂草"欺苗"的现象，严重影响烟草的生长发育。在环境条件较优越的情况下，优越的环境同样有利于杂草的生长，甚至杂草的生长比烟草更旺盛，导致烟田的优良环境变劣，烟草的生长发育同样受到威胁，影响烟叶产量和质量。生产上，中耕除草、化学除草和地膜覆盖除草常结合进行。

(6) 早花预防与处理　早花是指烟株未达到正常栽培条件下

本品种应有的高度和叶数就提前现蕾、开花的异常现象。为防止早花的发生，达到优质适产之目的，栽培管理上应创造一个适宜烟株生长的环境条件，促使烟株迅速生长。一旦发生早花，应及时采取补救措施，尽量减少因早花造成的损失。对早花发生程度严重、主茎烟收烤价值极小的烟株，应果断地放弃主茎烟生产，改为杈烟生产。具体做法是及早削去主茎，留底叶2～3片，以促进腋芽萌发，选留一个壮芽，并加强田间肥水管理、中耕培土，将选留的腋芽培育成健壮的侧枝。早花发生较轻的烟株，应采取主茎烟与杈烟相结合的生产方式，及时打顶，在主茎顶端下第3～4片叶选留一个健壮的腋芽，同时加强田间管理，将选留的腋芽培育成杈烟，杈烟留叶不必过多，原则上能弥补早花的损失即可，一般留叶4～7片。

(7) 灌溉与排水　为生产优质烟叶，必须根据烟草需水规律合理供水，并在降雨过多时及时排水防涝，为烟草生长发育创造良好的环境条件。烟草移栽时要水分充足，保持最大田间持水量70%～80%，促使烟苗还苗成活；伸根期适当控制水分，应保持最大田间持水量60%左右，促使烟株根系向纵深处发展；旺长期水分充足，保持田间最大持水量的80%左右；成熟期适当控制水分，保持田间最大持水量77%左右，促使烟叶成熟和优良品质的形成。整个烟草生育期土壤水分管理遵循"控""促""稳"的原则。

(8) 成熟与采收　烤烟移栽后60天左右，叶片开始自下而上逐渐成熟，正确掌握烟叶的成熟特征、把握烟叶适时采收标准、采摘适熟一致的烟叶对改善烟叶品质、提高烟叶的工业可用性有重要意义。

烟叶成熟特征：①叶色变浅，整个烟株自下而上分层落黄，成熟烟叶通常表现是绿色减退变为绿黄色、浅黄色，甚至橘黄色。②主脉变白发亮，支脉退青变白。③茸毛部分脱落或基本脱落，叶面有光泽，树脂类物质增多，手摸烟叶有黏手的感觉，多采几片烟叶会粘上一层不易洗掉的黑色物质，俗称烟油。④叶基部产生分离层，容易采下，采摘时声音清脆，断面整齐，不带茎皮。⑤烟叶和主脉自然支撑能力减弱，叶尖下垂，茎叶角度增大。⑥中、上部叶片出现黄白淀粉粒成熟斑，叶面起皱，叶尖黄色程度增大，或枯尖焦边。

烟叶采收：烟叶采收原则是熟一片、收一片，生叶不收，熟叶不漏，通常自脚叶至顶叶 5～10 次采收，每次采 1～3 片叶，顶部 4～6 片叶往往于成熟后一次收获。

编烟与装烟：我国普遍使用绳索编烟，有死扣编烟法、走线套扣编烟法、加扦梭线编烟法等。装烟是将绑好的烟竿挂在烤房的挂烟架上。装烟时应注意分类装烟；装烟密度要根据烟叶着生部位、叶片大小、含水量、天气情况及编烟稀密程度全面考虑。

77. 烟叶的烘烤与烤后处理技术要点有哪些？

（1）烘烤 烤烟调制也称作烘烤，是将田间生长成熟的鲜烟叶采收后放置于特定设备中通过人为控制温度、湿度、通风等条件，使烟叶向着人们需要的方向转化并干燥，最终形成卷烟工业所需原料的全部过程。烤烟调制主要是合理编竿装炕和正确判断鲜烟叶的烘烤特性，以烧火和通风排湿相结合的手段，实现烤房内温度、湿度适合烟叶变化的要求，核心在于烟叶失水同变黄的协调。

烘烤阶段：根据烟叶外观性状变化，烘烤过程分为凋萎、变黄、定色、干片、干筋五个阶段。烘烤过程中烟叶凋萎和变黄总是紧密联系在一起的，因此将凋萎和变黄归为一个阶段，即变黄阶段；烟叶变黄后，必须排除叶片水分，化学成分和颜色才能得到固定，否则烟叶将变褐变坏，因此，叶片干燥与定色合称为定色阶段；最后是排除主脉水分，即干筋阶段。

烘烤工艺：烟叶烘烤工艺指烟叶在烘烤过程中对烟叶变化进程、温度、湿度及时间的控制指标和技术措施。根据烟叶变黄、定色和干筋三个烘烤过程的特点，形成每个阶段的技术指标或技术操作（表1）。

表1　烤烟不同阶段技术指标和技术操作

阶段	要求	操作过程和指标	技术要领
变黄阶段	烟叶基本变黄（仅余叶基部微青，主脉青白色）、主脉尖部1/3变软（全叶失水30%～40%）	装炕前打开天地窗，装好后关闭，酌情确定点火时间（如自然炕温达到32℃则可12小时不点火）。点火后稳烧小火，以每2小时左右升温1℃的速度将干球温度升到35～38℃，保持干湿差1～2.5℃，使烟叶变黄7～8成，叶片发软，然后再升温到40～42℃，维持湿球温度36～37℃，直到烟叶变化达到目标要求	稳定干球温度，调整湿球温度，控制烧火大小，适当拉长时间，确保烟叶变黄变软
定色阶段	要求叶片全干大卷筒	转入定色阶段后，首先以平均2～3小时升温1℃的速度提温到46～48℃，保持湿球温度37～38℃，使烟叶烟筋变黄，达到黄片黄筋叶片半干。然后再以2小时左右升温1℃的速度提温到54℃左右，保持湿球温度37～39℃（最高不超过40℃）稳定，达到叶片全干大卷筒	逐渐加大烧火，逐步加强排湿，稳定湿球温度，升高干球温度
干筋阶段	烟筋全干	持续稳烧大火，将干球温度以1小时升温1℃速度升到65～68℃并稳住，湿球温度相应升到42℃左右。在烤房中部仅个别烟叶主脉有3～5厘米未干时即可以停止烧火，当温度下降5℃左右后关闭地洞、天窗，完成烘烤过程	控制干球温度，限制湿球温度，及时减少通风，适时停止烧火

（2）烤后烟叶处理 烤后烟叶处理包括卸烟、回潮、分级、扎把存放等基本环节。

卸烟： 烤好停火后的烟叶非常干燥，热炉出烟容易破碎，降低产质，损失较大。应将烤房门、窗、进风洞和排气窗打开，让外面的冷空气流入，使烟叶稍微回软后再出烟。出烟时间选择在早晨和傍晚，从档烟梁上把烟竿，一竿一竿地取下来抬出，注意小心轻抬、轻放，不要碰坏烟叶，保持烟叶的完整度。

回潮： 是将刚刚烤好的烟叶通过人工回潮和自然回潮等方法使其重新获得水分的过程。烟叶回潮后叶片水分含量应保持在16%～18%为宜，这样水分的烟叶有利于分级操作和收购的顺利进行。主要的回潮方法有：烤房内热风循环回潮、自然回潮、人工加湿回潮。

分级： 烟叶分级是建立在感官基础之上的对烟叶内在质量性质、特点、好坏程度的等级划分。烟叶分级标准中有3个比较重要的指标：烟叶生长部位、烟叶颜色和成熟度。

①烟叶的部位。就全株叶片而言，以腰叶、上二棚烟叶质量最好，其次为下二棚、顶叶，以脚叶最差。②烟叶的颜色。烟叶颜色比较明显，易识别，且烟叶颜色与烟叶的内在质量关系密切，不同颜色的烟叶有不同的质量。烟叶颜色一般分为：柠檬黄、橘黄、红棕、青黄等。一般橘黄色烟叶为优质烟叶，用作卷烟配方中的主料烟，原因是这类烟叶香气足，吃味好；柠檬黄色烟叶则吃味平淡，一般作为卷烟配方中的填充料；青黄色烟叶价格低，香气差，杂气重，质量较差，不受卷烟工业企业欢迎。③烟叶成熟度。成熟度好的烟叶其外观特征是：颜色橘黄，色度浓，油分足，叶片结构疏松，有明显成熟斑，闻香突出，弹性好，燃烧性强、香气质好、量足，吃味醇和。

烟叶分级： 依据国家规定的等级标准，通常用的分级方法有两种：①一人操作分级法。即一个人边选等级品质一致的烟叶，边扎把；或者是将不同等级的烟叶分别选出、单放，待选到一定数量时，再按等级扎把。②4～6人流水作业分级法。即从第一个人开始，每人选2～3个固定的等级，烟叶依次往后推送，直到将全部烟叶选完。选好的烟叶由专人扎把，并按等级堆放。这种方法分烟速度快，工效高，扎把整齐，大小一致，等级合格率高，质量好。

扎把存放：分级之后，将各等级烟叶分别比齐叶基，按把头10～12厘米，用同一等级烟叶叶片，折叠成带状，距离叶基末端4～5厘米，缠绕叶基部扎成自然把。把头中不可夹杂烟叉、烟筋、碎烟、草、土及其他夹杂物。在交售烟叶之前，应将烟叶放在清洁、干燥、凉爽、密闭、背风、无异味、受外界温湿度影响较小、太阳光不能直射的地点来存放烟叶，以防烟叶发生霉变和虫害。

78. 烟草主要病虫害及其防治措施有哪些？

(1) 烟草苗期主要病害

烟草炭疽病：感病初期，叶片出现水渍状小斑点，病斑圆形，周围隆起，中央凹陷，病斑颜色灰白到黄褐色。易与气候斑混淆，其区别是：气候斑多发生于团棵至旺长期，斑点多，集中于叶尖，病斑比炭疽病病斑小，且不规则。

烟草猝倒病：主要在三叶期以前发生。发病初期幼苗茎基部呈水渍状腐烂，发病后期像开水烫过，成片苗死亡，成"补丁状"，天气潮湿时，有菌丝。易与立枯病混淆。立枯病常发生于三叶期以后，发病速度较猝倒病慢，在苗床上可见有菌核。

烟草立枯病：危害部位为茎基部，最初在病部表面形成褐色斑点，此后茎部显著凹陷收缩、变细，甚至倒伏，一般在三叶期以后发生。

苗床期病害综合防治：①选择地势高，排水好的无病地作苗床，施用无菌肥料，远离烤房和菜园地。发现病苗拔除抛出田外或烧毁、深埋。②苗床土消毒。将肥料施入已做好的苗床，翻匀，撑好支架，用塑料薄膜覆盖，用 40 克/米^{2}溴甲烷熏蒸，密封至少 48 小时，然后揭膜散毒 48～72 小时，整平苗床，灌足底水，再播种。为防治烟草病毒病，在播种、假植前、剪叶前、移栽前均应喷施抗病毒药剂，播种和假植时可用抗病毒剂药液代替第一次水施用。③苗床管理及药剂防治，控制人为传播病毒病。

（2）烟草大田期主要病害

烟草赤星病：赤星病是烟草生长中后期发生的叶斑病害。最初在叶片上形成黄褐色圆形小斑，以后变成褐色，边缘明显，具有明显的同心轮纹，外围有淡黄色晕圈，病斑直径可达 1～2.5 厘米。天气潮湿时，病斑中央会出现黑色霉状物；天气干旱时，有的病斑会发生破裂。发病严重时，许多病斑相互连接合并，叶片枯焦脱落，有时在叶脉和茎秆上形成深褐色梭形小斑。防治方法：及时清除病残体，防止病害蔓延；合理施肥，控制氮肥用量，增施磷、钾肥；在烟株团棵期、旺长期和平顶期叶面喷施磷酸氢二钾可明显减轻赤星病危害；及时打顶抹杈；合理用药。

烟草黑胫病：烟草黑胫病在苗床和大田均可发生，主要危害大田烟草。苗期首先在茎基部或底叶发生黑斑，以后向上发展，湿度高时病斑上布满白毛，往往造成幼苗成片死亡。大田期主要侵染茎基部和根部，受侵部位变黑。纵剖病株茎部，髓部变成黑褐色，干缩呈碟片状，碟片之间生有白色菌丝。病株叶片自下而上依次变黄、萎蔫，最后整株死亡。多雨潮湿时，底部叶片常发生圆形大块病斑，病斑无明显边缘，有水渍状浓淡相间的轮纹，病斑可很快扩展到茎部，引起"烂腰"。天气潮湿时，黑胫病病部表面会产生一层稀疏的白毛。高温高湿有利于黑胫病的发生。病菌可在土壤中的病株残体上存活 3 年左右，主要通过地面流水及雨水迸溅传播。防治方法：①种植抗病品种。②实行轮作。

③防止田间过水、积水；及时清除病叶及病株。④58％甲霜灵锰可湿性粉剂 500～600 倍液或 72％甲霜·霜威 600～800 倍液在病初灌兜，每株 30～50 毫升，5～7 天一次，连灌 2 次，防效可达 90％以上。发生严重时，病株应拔除销毁。

烟草根黑腐病：烟草根黑腐病主要发生在烟草幼苗或成株的根系，使根呈特异的黑色。幼苗阶段病菌主要从土表部位侵入，病斑环绕茎部，造成烟苗倒伏，病斑沿茎部向子叶扩展，引起腐烂，摧毁整株烟苗。较大烟苗受侵染后，支根的根尖变黑、腐烂，在根上有许多黑色病斑，植株矮化，根系断裂。受侵染的苗床烟苗生长不整齐，植株矮小，地上部呈浅绿至黄色，拔出后可看到特异的黑色腐烂根段，在根的病部以上可见新形成的白色不定根。烟株在大田受到根黑腐病的侵染后，生长缓慢，许多植株矮化，极易拔出，小根尖端腐烂，大根表面呈粗糙的黑色凹陷病斑，根系常常支离残缺。如遇冷湿天气，病株停止生长，而当天气转暖时，许多病株可以长出新根，恢复正常生长。根黑腐病菌在田间常常只侵染部分烟株，很少损害整片烟田。病株生长不整齐，有的矮化，有的生长高度正常。白天炎热时叶片萎蔫，夜间恢复正常。变黄矮化的植株极易早花，严重降低烟叶的产量和质量。根黑腐病菌可在土壤中长期存活，通过流水和病土传播。防治方法：①及时揭膜高培土，促进根系生长。②实行轮作。③50％甲基硫菌灵可湿性粉剂 500～800 倍液灌根或苗床喷雾，效果较好。

烟草空茎病：往往于打顶及抹杈时发生，一般从打顶的伤口侵入，也可从清除底脚叶的伤口侵入，沿髓部向下、向上蔓延，茎秆心髓变褐软腐，组织瓦解，顶叶萎蔫，叶片下垂或脱落，茎秆变空；叶表受害时，最初表面为青绿色斑点，严重时叶肉消失，仅残留叶脉。湿度高、叶片含水量大时有利于空茎病的发生。人为伤口也加重危害。防治方法：①及时排水。②及时拔除病株，田外深埋或烧毁，病穴内撒少量石灰，以免病菌传播。③及时采收底脚叶，避免在阴雨天时打顶抹杈。④用72%硫酸链霉素可湿性粉剂 2 000 倍液对烟株进行喷雾，重点喷洒伤口。

烟草青枯病：受病枯萎的叶片，初期为青绿色，茎和叶脉的导管变黑，随后病菌侵入皮层及髓部，外表发现纵长的黑色条斑，无病一侧正常，呈"半边疯"状态，挤压切口出现黄白色乳状"菌脓"。防治方法：①选用抗病品种。②与禾本科作物实行3~5 年轮作。③加强田间管理及时揭膜高培土，疏通沟渠，注意排水，避免土壤湿度过大；适当增施 0.1% 硼砂肥，提高烟株抗病能力。④发病初期用 200 微克/毫升农用链霉素（每株 50 毫升）灌根。

青枯病与低头黑病、黑胫病的区别：低头黑病也呈偏枯状态，但其顶芽向有病斑的一侧弯曲，而青枯病不出现"低头"，也没有菌脓。黑胫病在基部出现黑色病斑，髓部呈"碟片"状，不出现菌脓。高温高湿是青枯病发生流行的主要气候条件。地势低洼、土壤黏重、排水不良的地块发病较重。

烟草根结线虫病：根部形成大小不等的圆形或不规则根结，须根极少。地上部分矮小，叶片黄萎。连作田、干旱以及保水、保肥力差的沙土和沙壤土发病重。防治方法：①进行轮作，有条件的地方最好进行水旱轮作。②栽烟地块进行深耕翻晒，以减少耕作层内的线虫数量，促进根系早生快发。③种植抗病性较好的品种，如 NC89、K346 等。④在不会污染水源的情况下，根部每亩施用线虫必克 1.5 千克、索线朗 3 千克，对控制线虫病蔓延有较好效果。

烟草普通花叶病毒病（TMV）：烟株发病初期，叶脉及邻近叶肉组织色泽变淡，呈半透明"明脉"状，然后叶片出现浓或黄绿相间的"花叶"状，叶片厚薄不均匀。严重病株叶片皱缩、扭曲，叶片变细，叶缘有缺刻，植株矮化，生长缓慢，叶片不开片，花果变形。与烟草黄瓜花叶病的区别是：病叶边缘向下翻卷，叶基部不伸长，茸毛不脱落。TMV 主要通过病汁液接触传染。种子、粪肥、土壤中的病株残体是主要的侵染来源，其次是其他带毒作物和杂草。苗床和烟田的人工管理操作可造成病害的进一步传播蔓延。28～30℃的气温、少雨干旱、在老苗床或菜园地育苗、烟田连作或与茄科作物连作、间作，是病害严重发生的有利条件。

（3）烟草地下害虫类 烟田的地下害虫主要有蝼蛄类（俗名拉拉蛄、拉蛄、土狗子等），地老虎类（俗名土蚕、地蚕、切根虫、截虫、夜盗虫等），金针虫类（俗名小黄虫、姜虫、铁丝虫、钢丝虫、金齿耙、黄蚰蜒等）。防治方法：地下害虫的防治措施应以农业防治措施为基础，采用合理的轮作制度，如烟稻轮作、烟棉轮作，深耕细耙、冬耕冬灌、合理施肥，辅以药剂防治，且不同的害虫种类采用不同的药剂防治方法。

（4）烟草其他害虫

烟蚜： 又名桃蚜，俗名蜜虫、腻虫，是烟田发生的最主要害虫，在田间的危害分直接危害和间接危害两种形式。防治方法：①早春治蚜。可在早春结合桃树的正常管理，在卵孵化后，桃叶未卷叶之前，防治桃树上的蚜虫，以减少迁移蚜的数量，减少烟田的蚜源。②苗床驱蚜。苗床期，可利用银灰色薄膜驱避蚜虫，以减少移栽时带毒不显症的烟苗。③药剂防治。烟草大田生长期，在田间蚜量上升阶段进行药剂防治，可采用莫比朗 2 000～2 500 倍液或农家盼（3％啶虫脒乳油）1 500～2 000 倍液、万灵 3 000～4 000 倍液或 0.3％苦参碱 1 500～2 000 倍液进行防治。药剂防治时，一定要注意施药质量，喷雾时一定要喷洒均匀，对所有烟蚜寄生叶片都要进行喷施，以保证防治效果。④打顶抹杈。及时打顶抹杈，恶化烟蚜的食物条件，促使无翅蚜转变为有翅蚜迁出烟田。⑤其他措施。采用麦烟套种、银灰色地膜覆盖等措施，以减轻烟蚜的危害。

斑须蝽： 又名细毛蝽，是近年来危害烟草的主要害虫之一。

在烟草上主要以成虫和若虫刺吸烟叶叶脉基部、嫩茎等汁液，使烟叶或烟株顶梢萎蔫。防治方法：①人工捕捉。在烟田捕杀成虫以减少烟田落卵量，同时采摘卵块和捕杀若虫。②化学防治。可喷施辛硫磷或毒死蜱等 1 500 倍液。

烟青虫：学名烟夜蛾，俗名青虫、青布袋虫，是重要的烟草害虫之一，我省各烟区均有发生。烟青虫在烟草现蕾以前危害新芽与嫩叶，吃成小孔洞；留种田烟株现蕾后，危害蕾和花果，有时还能钻入嫩茎取食，造成上部幼芽、嫩叶枯死。防治方法：①冬耕灭蛹。烟青虫在各地均以蛹在土中越冬，及时冬耕可以通过机械杀伤、暴露失水、恶化越冬环境、增加天敌的取食机会等，达到灭蛹的目的。②捕杀幼虫。在幼虫危害期，于阴天或晴天的早晨 4～9 时，到烟田检查新叶、嫩叶，如发现有新鲜虫孔或虫粪时，随即找出幼虫杀死。③诱捕成虫。利用杨树枝把或性诱剂诱杀成虫。性诱剂（诱芯）的设置方法：在简易的三脚架上放置盛水皿，直径 35～40 毫米，水中加少许洗衣粉，诱芯挂距水面 2～3 厘米，诱捕器略高于烟株。成虫盛发期挂置诱芯，诱芯有效期 20 天左右，每亩设置 1～2 个诱捕器。④化学防治。幼虫三龄以前，选用下列药剂进行防治：90％万灵粉剂 3 000 倍液，2.5％敌杀死乳油 2 000 倍液，2.5％功夫乳油 2 000 倍液，0.3％苦参碱 1 500～2 000 倍液。⑤生物防治。充分发挥天敌的自然控制作用；利用生物制剂进行防治，如苏云金杆菌 2 000～3 000 倍液喷雾，利用生物制剂防治时，一定要注意施药质量。

斜纹夜蛾：又名莲纹夜蛾，俗名夜盗虫、夜老虎、黑宝、麻蛆、露水虫、芋虫、绵虫等。斜纹夜蛾也是一种杂食性害虫。成虫昼伏夜出。卵多产于烟株中部叶片背面距叶尖 1/3 处，卵重叠成堆，每一卵块有数十粒。初孵幼虫群集在卵块附近取食，咬食烟叶下表皮和叶肉，呈半透明小孔眼，不怕光，稍遇惊吓即四处爬散，或吐丝下坠随风飘散；二龄后分散取食；三龄后白天隐藏不动，晚间取食，有假死性。幼虫老熟后，在烟田入土 2～3 厘米做土室化蛹。防治方法：①诱杀成虫。可采用黑光灯、糖醋液、杨树枝等进行诱杀。②化学防治。防治时期应掌握在三龄以前，可喷施 20％乙酰甲胺磷乳油 1 000～1 500 倍液、2.5％功夫乳油 2 000 倍液。③捕杀幼虫。在初龄幼虫集中危害时，捕杀幼虫或采摘被害叶片。④采摘卵块。在成虫活动盛期，到田间检查采摘卵块。

五、│ 油菜

79. 油菜有哪些营养特点？什么是杂交油菜？

油菜是以采籽榨油为目的的一年生或越年生草本植物。菜籽油是良好的食用油，在工业上也有广泛用途；饼粕可做肥料、精饲料和食用蛋白来源。

油菜为十字花科芸薹属植物，分芥菜型、白菜型和甘蓝型三种。以其重要的经济价值和广泛的适应能力遍植世界各地，现今已发展成为世界性的重要油料作物，与大豆、向日葵、花生一起，并列为世界四大油料作物。油菜籽含油 40%～50%，还含有 24%～32% 的粗蛋白，被誉为"绿色油库"。近年来由于优质油菜（指油脂中芥酸含量低于 1% 或饼粕中硫苷含量低于 30 微摩尔/克的单低油菜和芥酸含量低于 1%、硫苷含量低于 30 微摩尔/克的双低油菜）的育成和推广，菜油品质大有提高，是主要的生活用油，也是重要的工业原料，在冶金、机械、化工、纺织、医药都有广泛的应用。油饼含蛋白质 40% 左右，低硫苷含量的饼粕是发展畜牧业的优质饲料。发展优质油菜生产，提高油菜产量，不仅能使农民增收，提高人民生活、健康水平，促进轻工业和养殖业的发展，而且还能培肥土壤，为后作提供早茬口、肥茬口，减少化肥用量，保护生态环境。

杂交油菜是指利用两个不同的油菜品种或品系，配制的第一代杂交种。杂交油菜具有明显的增产效果，这是杂交油菜杂种优势的具体表现。并不是把任意两个油菜品种拿来杂交都能产生杂交油菜，生产上推广的杂交油菜，是育种部门根据一定的科学原理，在大量的和长期的选配试验、示范基础上选育出来的。

由于杂交油菜的制种和亲本繁殖较复杂、技术要求较高，其种子生产一般都由种子部门来承担，农民只需向有关部门购买杂交种子。杂交种只能种一季，若自行留种，连年种植就会由于杂种后代的分离和退化而导致减产，因此，种植杂交油菜，就需每年都向种子生产部门购种。

80. 为什么说油菜育苗移栽是一项高产、稳产的栽培技术？

（1）选用良种，适期早播　良种是增产的内在因素，是提高单位面积产量的基础。根据气候品种特性抓住有利时段适期早播，利用冬前温光资源，避免秋季阴雨的危害，促进秋发，形成壮苗越冬，为高产奠定基础。

（2）培育壮苗　培育矮健壮苗适时早栽是夺取油菜高产的关键环节，保证年前有较大的营养生长体和健壮的根系，为春后迅速转向生殖生长，形成大量分枝花序和有效荚果打下基础。壮苗形态特征包括株型矮健紧凑、叶密集丛生、根茎粗短、无高脚苗、无弯脚苗、叶数多（6～7 片）、叶大而厚、叶柄短、苗高17～20 厘米，根茎粗 0.6～0.7 厘米；主根粗壮，支根、细根多；无病虫害。

培育壮苗的关键技术为：①选好留足苗床地。苗床应选在背风向阳、排灌方便、地势平坦、土壤肥沃疏松、靠近大田且两年未种十字花科作物的沙壤土作苗床。②精细整地，施足底肥。整地应做到"细、平、实"，才能保证播种时落籽均匀、深浅一致。苗床开沟作墒便于管理。苗床施足底肥，配施尿素、过磷酸钙、硼砂，将肥料均匀泼、撒在墒面上，做到土、肥混合均匀。③适时播种。

（3）**加强苗床管理**　苗床管理要做到两早两勤：①早间苗、定苗。油菜幼苗生长较快，间苗稍迟就易形成高脚苗、弯脚苗。一般间苗 2～3 次，齐苗后第一次间苗，将拥挤成丛的苗拔去，做到苗不挤苗。有 1 片真叶时第二次间苗，保持苗距 3～6 厘米，做到苗与苗之间叶不搭叶。有 3 片真叶时定苗，保持苗距 8～9 厘米。②早追肥。油菜种子小，出苗时即处于"离乳期"，必须及早追肥，方能防止老苗。一般在定苗时施第一次追肥，隔 10 天左右看苗酌情施第二次追肥。移栽前 6～7 天施 1 次"送嫁肥"可促进多发新根、移栽后成活返青快。③勤防病虫。苗床期油菜的主要病虫有霜霉病、猝倒病、蚜虫、菜青虫等，用 10％的吡虫啉可湿性粉剂 1 500 倍液防治蚜虫，每亩用 20％氰戊菊酯乳油 20 毫升防治菜青虫，用 70％甲基硫菌灵可湿性粉剂 1 000～1 500 倍液防治猝倒病和霜霉病。必须早治、勤治，移栽前 1 天全面防治 1 次。④勤排灌。遇干旱及时浇水，雨多土湿要及时理沟排水。⑤喷施多效唑培育矮壮苗。在 3 叶期亩用 15％多效唑粉剂 30 克兑水 50 千克喷施一次可以促进幼苗叶数增加，根茎增粗，叶柄变短，叶和根的干重增加，移栽后成活快，抗性增强，增产显著，同时还可以提高苗床利用率 20％～30％。使用多效唑注意播种期要适当提早，增加施肥量，幼苗长势不旺的不能施用多效唑。

（4）**适时移栽**　首先，移栽前要精细整地。油菜需要肥沃疏松、水分适宜酸碱度（pH 5.5～7.5）、土层深厚、富含有机质、排灌方便、无重金属等有害物质含量的土壤，才能满足良好的生长发育要求。油菜对整地的基本要求是深耕细整，较好地调节土、水、气、热之间的关系，加速土壤养分的转化释放，确保高产。其次是适时移栽，提高移栽质量。在培育壮苗的基础上，还必须抓紧季节适时早栽，力争冬前有较长的有效生长期。一般苗龄在 25～35 天移栽为宜，控制移栽至冬前应有 40～50 天的有效生长期，以利形成壮苗越冬。为了取苗时少伤根，多带土，取苗前一天用水浇湿苗床。移栽时严格要求"三带""三要""三边"

和"四栽四不栽"。"三带"：带泥、带肥、带药到本田；"三要"：行要栽直，根要栽稳，苗要栽正；"三边"：边取苗，边移栽，边浇定根水；"四栽四不栽"：大小苗分栽不混栽，栽新鲜苗不栽隔夜苗，栽直根苗不栽弯根苗，栽壮苗不栽弱苗。保证移栽质量，以利成活返青，加速新根和叶片生长。

81. 油菜大田栽培管理技术有哪些？

油菜的产区辽阔，各地因耕作制度和生产条件之不同，形成了育苗移栽和直播两种栽培方式。油菜直播系将种子直接播于大田，占用大田的时间较移栽油菜提早和较长，不利于克服油菜和前作物的争地矛盾。但因其根系的纵向入土范围较大，吸收土壤深层养分、水分的能力强，较能抗旱和耐瘠。故在一年一熟制、水分条件差的地区，以及不存在前后作物争地矛盾和整地困难的地区，宜采用直播油菜。油菜直播移栽栽培管理技术有：

(1) 整地　直播油菜的根系纵向入土较深，要求耕作深度达到 20 厘米左右，由于油菜种子细小，整地要达到表土细碎，田面平整，上松下实，以利油菜种子发芽、生根，生长整齐健壮。整好地（特别是倒茬田）的关键，在于掌握适耕时机。倒茬田忌湿，旱地要抢墒，在中稻区要争取晒垡。在整地的同时要进行开沟作畦，以利于灌溉、排水和田间管理。通常畦宽 2～3 米，沟深 15～20 厘米。

(2) 基肥　油菜是需肥较多的作物，一般每生产 100 千克油菜籽需吸收氮素 9～11 千克、磷素 3.0～3.9 千克、钾素 8.5～12.8 千克。基肥比例通常宜占总施肥量的 30%～40%。基肥种类应以肥效稳长的有机肥为主，并配合适量的速效性肥料，以满足幼苗需要，磷素全部或大部分用做基肥。施肥方法，通常是粗肥打底，精肥施面，用肥量多时分层施，少时集中施于穴内或沟内。

(3) 播种 直播油菜的播种期一般较育苗移栽油菜的播期晚，但仍应力争适时早播，使幼苗能赢得冬前的较长适宜高温期，以利于培育壮苗。各地的油菜适宜播种期应根据温度条件、耕作制度、病虫害情况以及品种特性等因素来确定，一般在温度低、复种指数较小、病虫害较轻和品种晚熟的情况下，播种期可较早，反之宜较迟。中国长江流域冬油菜区，一般甘蓝型油菜在9月下旬至10月中旬播种，白菜型油菜和芥菜型油菜在10月下旬至11月中旬播种；长江以南宜在10月下旬至11月下旬播种。北方在8月下旬至9月中旬播种；春油菜一般在3月至5月或温度稳定在2～5℃时播种。播种方式，主要有开穴点播和开沟条播，也有撒播的。播种量则随播种方式、品种特性、种植密度等而有所不同。一般冬油菜区每亩播种0.2～0.4千克；春油菜区，大株型油菜每亩播种0.5～1.0千克，小株型油菜每亩1.3～2.3千克。

(4) 种植密度 适当的密度是协调个体与群体关系及其对土地、空间合理利用的重要措施。油菜的分枝性强，自我调节作用较大。一般在品种生育期短、株型小、温度低、水肥条件差、播种迟和病害轻的情况下，宜采用较大密度，反之则应降低密度。中国长江流域每亩种植1.0万～2.3万株；云贵高原每亩2.0万～3.0万株；华南沿海地区每亩1.3万～2.7万株；华北地区每亩1.0万～1.5万株。在春油菜区，甘蓝型油菜每亩种植1.3万～2.0万株，白菜型和芥菜型大油菜每亩种植1.3万～2.0万株，甚至4.7万株以上；白菜型小油菜每亩种植20万～30万株甚至40万株以上。

(5) 田间管理

一是苗期。培育壮苗是奠定高产的基础。壮苗的标准：叶色正常，叶柄粗短，叶面积适度，腋芽健壮，无病虫害。根茎粗越冬前达到1～1.5厘米，单株绿叶7～10片，叶面积系数0.7～1.0。主要管理措施是：早间苗，在4～5片真叶时按预定密度定苗；早施、勤施提苗肥，一般结合间、定苗，每亩施用硫酸铵3.0千克左右，配合适量人畜粪尿、硼肥兑水浇施，促进油菜早发快发。冬油菜应在进入越冬时重施腊肥，用猪栏粪或牛栏粪施于油菜兜边；中耕、培土2～3次，临近越冬时进行一次深中耕，结合培土；苗期根据旱情及时灌溉或浇水，冬油菜在冬旱年份，进入越冬期应灌一次水，以防冻害；防治蚜虫、青菜虫等，兼治跳甲、猝倒病和霜霉病等。

二是蕾薹期。该期是建成油菜高产长势、长相的关键时期，要以旺盛的营养生长来换取足够的养分积累，为开花结果打好基础。蕾薹期是营养生长和生殖生长同时并进的时期，而且从开花到成熟需经较长过程（约占全生育期的2/5），为了满足抽薹前、后期对大量养料的需要，应施速效肥配合肥效稳、长的有机肥。施肥量应根据土壤肥力、苗情等情况而定。一般蕾薹期要占到总追肥量的30%～40%，多的可达50%。遇旱是应及时灌水，并注意清沟排渍。防治病虫危害，清除枯老黄叶。

三是开花期和角果发育期。开花期是决定角果数和粒数的重要时期，角果发育期是产量和品质形成的重要时期，应做到成熟前不早衰，丰产稳产。主要措施是：看苗施用花肥，最好进行根外追肥；开花期进行养蜂传粉；北方春油菜花期遇旱应进行灌溉，南方冬油菜花期和果粒发育期雨水多，应注意清沟排水；防治菌核病、白锈病、霜霉病和蚜虫。

四是收获期。油菜是无限花序作物，角果、种子的成熟期都有一定差异。收获过迟，则部分角果过度成熟而开裂落粒。同时，因种子在植株上的呼吸消耗，粒重和含油量也降低；收获过早，部分种子未充实，叶绿素含量高，油脂转化过程未完成，游离脂肪酸成分高，含油量和油质均降低。此外，收获操作不当，也会造成油菜籽减产和影响品质。因此，适时精细收获是实现油菜丰产优质的重要保证。

82. 油菜需肥量和吸肥特性有哪些？

油菜与其他作物相比具有需肥量大，耐肥性强的特点。亩产100千克菜籽需纯氮8～11千克、五氧化二磷3～3.9千克、氧化钾7.5～11.8千克，氮：磷：钾＝1：0.4：1。甘蓝型油菜对磷、硼肥反应较敏感，土壤速效磷含量低于5毫克/千克、有效硼含量低于0.5毫克/千克时，就出现明显的缺素症状。油菜一生分苗期、现蕾期、薹花期和成熟期四个阶段，各生育时期对氮、磷、钾营养吸收，苗期和蕾薹期对氮肥的需要量，分别约占总量的42％～44％和33％～46％；蕾薹期对磷、钾的需要量分别约占总量的22％～65％和54％～66％。不同油菜品种之间的营养期差别较大，生育期最短的春油菜不足100天，而晚熟冬油菜生育期最长可达到270天左右。苗期相对较长，虽对养分的需求量较少，但这一时期是侧枝生长和花芽分化的关键时期，对营养物质特别敏感，春油菜要争取早追提苗肥，促苗早发，培育壮苗，冬油菜则必须在春季追施起身肥。薹花期是油菜生长最旺盛的时期，也是决定产量的关键时期，此后需肥量显著下降，肥料过量反而会导致贪青晚熟。

施肥原则及时期：油菜施肥的原则是施足基肥、适时追肥。

（1）施足底肥 一般亩施有机肥1 000～2 000千克，过磷酸钙20～30千克，硼砂1千克。在耕作整地时施入土壤10～15厘米的耕层中。

（2）早施苗肥 在移栽成活后或直播定苗后，及时亩施尿素5千克，以利促进冬前幼苗生长。

（3）重施薹肥 薹高17厘米左右时施用薹肥，亩施复合肥20千克，尿素5～8千克，并结合中耕培土，保冬壮，促春发。

（4）巧施花肥 用0.2％～0.4％的磷酸二氢钾溶液喷施，提高千粒重和含油率。

(5) 增施硼肥 硼对促进油菜植株体内碳水化合物的运转分配，加速生长点分生组织的生长，促进花器官分化发育，刺激花粉粒发芽和花粉管伸长，对维持叶绿体正常结构和增强植株对菌核病等真菌病害的抵抗力都有重要作用。油菜缺硼会产生"萎缩不实症"，严重减产，甚至颗粒无收。施用硼肥一般可增产 20%以上，对严重缺硼的土壤可增产 50%～60%，且含油量提高。

油菜缺硼症状：土壤中严重缺硼（有效硼含量低于 0.4 毫克/千克），造成油菜苗期和薹期生长缓慢，根系不发达，根的木质部空心呈褐色或发生根肿；叶片皱缩，下部叶倒卷，叶色失绿（甘蓝型油菜呈紫红色，白菜型油菜呈淡黄色）；抗逆性减弱，大多数病株越冬时萎缩死亡，少数越冬病株，蕾薹延伸缓慢，或纵向破裂，不能正常开花，多畸形角果，果内籽粒少，严重影响产量。因此，适量增施硼肥效果十分显著。

施硼方法：先是亩用硼砂 1 千克与有机渣肥、磷钾肥混匀基施。在基施的基础上，薹高 17 厘米时叶面再喷施 1 次，浓度为硼砂 0.1 千克（先用少量 50℃热水溶化）兑水 50 千克。叶面喷硼选择晴天下午为宜，做到每张叶片喷湿。

83. 油菜主要病虫草害防治技术有哪些？

油菜病虫草害防治实行农业防治为主，化学防治为辅。农业防治方法是采取培育壮苗，施足基肥，适期追肥；及时清沟沥水，保持田间干爽；清除病残体，并进行无害化处理等措施。农业防治可增强植株的抗病性，减少农药使用。化学防治宜选择生物、高效、低毒、低残留农药，禁止使用高毒、高残留及禁用农药。

(1) 病害防治 油菜主要病害为菌核病、霜霉病等。菌核病用 50%乙烯菌核利 100 克兑水 30～50 千克喷雾防治；霜霉病用 75%百菌清 800 倍液喷雾防治。

（2）**虫害防治**　油菜主要虫害为蚜虫、菜青虫等。蚜虫用10％吡虫啉1 000～1 500倍液喷雾防治；菜青虫用5％定虫隆600～1 000倍液喷雾防治。

（3）**草害防治**　油菜一般进行两次除草。免耕直播油菜播前5天采用封闭式除草1次，10％草甘膦400～600毫升/亩兑水30～50千克喷雾。在油菜3～4叶期再进行除草1次。禾本科杂草用15％精吡氟禾草灵40～60毫升/亩，或5％精喹禾灵45～60毫升/亩兑水30～50千克喷雾；阔叶杂草用10％高效吡氟氯禾灵20～25毫升/亩，或50％草隆灵30～40毫升/亩兑水30～50千克喷雾。翻耕直播油菜在播种后3天采用芽前除草1次。盖籽后用50％乙草胺40～60毫升/亩，或60％丁草胺70～100毫升/亩兑水30～50千克喷雾。在油菜3～4叶期再进行1次除草，方法同免耕直播。

六、芝麻

84. 芝麻有哪些生育特性？

芝麻是胡麻科胡麻属栽培种之一，一年生植物，是重要的油料作物。又称脂麻、油麻，古称胡麻、巨胜、藤弘等。其种子富含脂肪、蛋白质，可用于榨油和制作食品，也可用作香料、医药和化工原料。我国芝麻种植区主要分布在长江、黄河和淮河三大流域。芝麻有黑白两种，食用以白芝麻为好，补益药用则以黑芝麻为佳。芝麻既可食用又可作为油料。日常生活中，人们吃的多是芝麻制品，如芝麻酱和香油等。

85. 芝麻高产高效优质栽培技术要点是什么？

芝麻生长发育过程中，根据其生长发育特性及种植条件，采取相适应的栽培方法，以获得高产稳产技术措施。芝麻对土壤的适应性广，黏土、沙土、壤土均可种植，但不耐渍、不耐盐碱。以选用土质疏松、排水良好的土壤，表层全盐量不能高于0.3%，pH 5~7为宜。芝麻高产高效优质栽培技术主要包括：

一是播种技术。播种是种植芝麻的重要技术环节之一。芝麻种子小，幼芽顶土力很弱，播前整地要求整平、整细，并结合施基肥。中国的夏芝麻、秋芝麻，生长季节短，前茬作物收获后须及时播种，才能满足整个生育期对温度的需要。同时，在播种季节常遇干旱，须抢墒播种才能保证出苗。夏芝麻的播期，在长江、淮河流域不迟于 6 月下旬；秋芝麻不迟于 7 月下旬。春芝麻、夏芝麻以条播为宜，秋芝麻以点播为佳。

合理的种植密度是芝麻高产群体结构的基础，目的在于适当扩大单位面积光合率，增加单位面积总蒴数，提高单位面积产量。种植密度的调整原则是：肥效高，播种期早，品种分株性强生长势旺，密度应适当减少，相反则适当增加。特别秋芝麻要加大密度，以密补迟。一般单秆型品种每亩 1.0 万株，分株型品种每亩 6 000～7 000 株左右，行距 40～50 厘米，株距 15～20 厘米。适宜的播种量一般每亩 0.3～0.5 千克。播种深度一般 3～4 厘米，播后需及时耙平，以保持耕层土壤细碎平整，土壤水分适度，争取苗全、苗匀、苗壮。

二是田间管理。芝麻幼苗细嫩且生长缓慢，如不及时间苗、定苗，极易造成苗荒。同时，田间杂草繁多，特别是夏芝麻、秋芝麻，杂草比芝麻苗生长快、长势旺，如不及时除草极易造成草荒。苗荒和草荒严重地威胁着芝麻生产，重则大幅度减产，甚至失败。一般在 2～3 对真叶时开始间苗，到 7～8 天后第二次间苗，待幼苗长出 5～6 对真叶、苗情基本稳健时定苗。结合间苗、定苗进行中耕除草，或于播种后随即喷洒除草剂。

芝麻具无限开花结蒴习性，花期、结蒴期约占全生育期的 1/2，而且生长发育旺盛，吸收氮、磷、钾营养元素占整个生育期吸收总量的 70% 左右。要看苗追肥，特别是花前期要追施氮肥，对土壤肥力低、未施底肥或底肥不足的芝麻增产效果尤为显著，一般每千克纯氮，增产芝麻 15～25 千克。芝麻属无限开花习性，为防止枝端无效花对养分的消耗，促进有效蒴果的充实，可于终花前摘除顶端，这是一项增产措施。

三是收获。芝麻边开花边成熟，各部位蒴果成熟期很不一致，当基部蒴果成熟甚至炸裂时，其上部蒴果尚处在籽粒形成阶段。成熟标准也因品种而异，一般终花后 20 天即可收获。如茎、叶、蒴果由青绿色转为黄色，落叶和裂蒴性的品种，一般在蒴果转黄后并有大量落叶时为收获适期；如成熟时茎、叶、蒴果仍为青绿色的品种，当下部蒴果的籽粒已充分成熟，中部蒴果的籽粒十分饱满，上部蒴果进入乳熟期，即可收获。离地5厘米左右刈割，扎成小束晾晒，大量裂蒴时进行脱粒，种子贮藏的安全水分为7％～9％。

第三部分｜小 杂 粮

XIAOZALIANG

一、 高粱

86. 高粱有哪些特点？

(1) 高粱光合效率高，产量高　高粱是 C4 作物，光能利用率和净同化率超过水稻和小麦。高粱抗逆性突出，具有抗旱、耐涝、耐盐碱、耐瘠薄、耐高温等多重抗逆性；高粱杂种优势强。

(2) 高粱食品或保健品　高粱有营养性、医疗保健性、安全卫生性等特点，其营养成分齐全、蛋白质含量高，自古是人类口粮。我国北方部分地区以高粱米或高粱面为主食，主要食品有米饭、米粥、饸饹、炒面等；加工品有高粱面包、高粱甜点、高粱早餐食品、高粱膨化食品等。高粱种植环境污染相对较少，适量食用高粱米能健脾止泻、预防肠胃疾病、糖尿病、高血压、心脑血管病、动脉硬化等疾病。

(3) 高粱全身是宝　高粱是生产白酒的主要原料。高粱籽粒中除了含有酿酒需要的淀粉、适量蛋白质及矿物质外，更主要是含有一定量的单宁。适量单宁对发酵过程中有害微生物有一定抑制作用，能提高出酒率；同时，单宁产生的丁香酸和丁香醛等香味物质，又能增加白酒的芳香风味，可以酿制出清香型、酱香型等不同风味的高粱白酒，这也是高粱酒好喝的原因。高粱茎、叶等是畜禽等的优质饲料。高粱可用以制造糖、醋、板材、造纸等制品。

甜秆高粱茎秆含糖分高，可用于发酵生产酒精，是一种高效非粮能源作物。酒精是我国可再生生物质能源开发中重要的战略资源。甜高粱茎秆中富含糖分，可发酵生产酒精，每亩甜高粱可转化酒精 407 升，节省大量粮食；生产酒精产生的废渣可做饲料、造纸、制作纤维板等。

但是高粱幼苗体内含有氰苷物质。这种物质进入家畜胃部会产生剧毒物质氰氢酸，致使牲畜中毒。牲畜在采食高粱幼苗后一般会出现流涎、呕吐、心跳加剧、腹痛腹胀，重者死亡。因此，高粱幼苗喂猪、牛、羊等，一般要晾晒 5～7 天，或切碎沤制 30 天，之后再掺入其他饲料内饲喂，每次饲喂不要过多。

87. 影响高粱产量和品质的主要因素和管理技术有哪些？

（1）生育期划分　高粱整个生育期分为苗期、拔节期、抽穗开花期和灌浆成熟期。苗期是指高粱种子从种子萌发到拔节前，需要 25～30 天，长出 8～12 片叶，是营养生长期。拔节期是指从拔节至旗叶展开之前，需要 30～40 天，是营养生长与生殖生长并进时期，穗分化开始。抽穗开花期是旗叶展开（挑旗）后，穗从旗叶鞘抽出到开花结束，需要 10～15 天。灌浆成熟期是指开花后 2～3 天籽粒开始膨大，经历 30～40 天，当种脐出现黑层、干物质积累终止，即达生理成熟。

（2）品种选择

考虑品种熟期： 无霜期长的地区，可选用晚熟品种；无霜期短的地区，可选择早熟品种。

考虑产品用途： 酿酒或酿醋应选择淀粉含量高、单宁含量较高（1% 左右）的红粒品种；食用或饲用应选择蛋白质和赖氨酸含量高、单宁含量低（<0.4%）的品种；能源应选择茎秆含糖纯度高的甜高粱品种；青饲料应选择草型品种。

选用良种： ①产量高。食用高粱籽粒产量应比原有推广品种增产 5% 以上；饲料用高粱生物产量应在 8 吨/亩以上。②品质好。食用高粱应适口性好、着壳率低、角质率 60%～80%、蛋白质含量 10% 以上；酿造用品种淀粉含量 70% 以上；饲用高粱应适口性好，分蘖与再生能力强，幼苗氢氰酸含量低。③适应性广、抗逆性强。具有抗旱、耐热、抗低温、抗倒伏、抗涝、耐盐碱、抗病虫等特性。符合国家规定的相关种子标准。

(3) 影响高粱产量和品质的自然因素

温度：高粱种子萌发最适温度为 18～35℃，温度过高，苗高细弱，温度过低，幼苗生长缓慢。幼苗生长发育最适温度为 20～25℃，拔节孕穗期最适温度为 26～30℃，温度过高引起部分小穗花粉干瘪失效，低温会造成颖壳张不开，花药不开裂，花粉量减少、开花期延迟。生育后期适宜温度为 20～24℃，日均温度下降至 16℃ 以下时，灌浆停止。

水分：土壤含水量 15%～20% 时可播种，苗期需水量占全生育期总需水量的 8%～15%，土壤含水量以田间最大持水量的 50%～65% 为宜。幼苗期适当控制土壤含水量，有利于营养器官合理建成。拔节孕穗期需水量占全生育期总需水量的 33%～35%。抽穗开花期需水量占全生育期总需水量的 22%～32%，此时缺水，高粱不育花数增多，花粉和柱头的生活力降低，受精不良。抽穗期水分过多，会造成穗下部分枝和小穗退化。灌浆期干旱，会导致籽粒产量下降。灌浆后期土壤水分过多，会造成贪青晚熟，甚至遭受霜害。高粱水分敏感期为：拔节孕穗期>抽穗开花期>灌浆成熟期。

光照：高粱穗分化时期光照不足，主要影响穗粒数。孕穗期光照不足或阴雨连绵，可造成基部幼穗发育不良，出现"秃脖"现象。若籽粒灌浆期光照充足，则可增加粒重弥补减少的穗粒数。生育后期功能叶片机能衰退，需要较高光照强度维持较高光合速率。

（4）影响高粱产量和品质的肥料因素

高粱养分需求规律： 磷素从高粱生育初期就对植株生长发育如株高、出叶速度、叶面积产生影响。高粱第一个吸肥高峰期是拔节孕穗期，此时养分吸收速度快、吸收数量多、肥料利用率高，追施氮肥效果最佳；充足的磷肥供应使单株叶面积、鲜重、根数、株高明显增加。氮、磷、钾协调有利于形成较多的籽粒产量。充足的磷素有利于籽粒灌浆期干物质运输、转化和积累。生育后期充足的氮素有助于维持和延长功能叶片的同化时间，提高籽粒蛋白质含量。

农家肥的优点： 施用农家肥一方面可以改良土壤、培肥地力、土壤疏松、增加保水保肥能力，创造良好的丰产土壤环境；另一方面农家肥养分完全，可以满足高粱的多种养分需求；第三，农家肥养分以有机态存在，释放缓慢，肥效持久，可以不断供给高粱生育期所需要的养分。

合理施肥： ①根据品种需肥特性施肥。对喜肥的高粱宜施用充分腐熟的有机肥做基肥，多施有机肥或无机肥，并进行两次追肥。对肥要求不高、生育期较短的常规品种，应施用腐熟的有机肥做基肥，适量追肥。②根据土壤肥力和土壤性质施肥。肥力低、熟化度差的土壤应多施有机肥，并配合磷肥。保肥保水性能差的沙质土壤宜采用多次少施方法追施化肥，减少化肥流失，黏重土壤追施化肥应集中在生育前期，避免后期旺长、贪青晚熟。中性或微碱性石灰性土壤宜施硫酸铵或过磷酸钙。酸性土壤宜施用氨水或石灰氮及钙镁磷等。③根据天气情况施肥。早春低温宜施用磷、钾肥做种肥，促进幼苗早生快发。生育后期遇低温，可叶面喷施磷、钾肥，促进成熟。④根据肥料性质施肥。人粪尿和氮肥效快，做追肥；有机肥多属迟效性肥料，磷、钾肥移动小，主要做基肥或种肥施用。

高粱生长所需肥料数量有一定限度，肥料过多造成浪费，还会带来硝酸盐淋失、水体富营养化、温室气体排放等生态风险；

同时，导致土壤板结，影响产量。

（5）影响高粱产量和品质的栽培管理技术

深开沟、浅覆土：深开沟有利于春旱地区充分利用土壤深层水分和养分，保证种子萌发的需要；有利于疏松土壤，使根系强壮；有利于中耕培土，提高高粱抗倒伏能力。高粱种子小、芽鞘短，覆土过厚会使高粱出苗不齐，幼苗不壮。

播后镇压：高粱播种后种床上土壤松散，易因失墒而落干，须及时镇压。播后镇压可破碎土块，弥补地表缝隙，减少蒸发，防止失墒，还可使种子与湿土紧密接触，促进种子吸水发芽，提高出苗率。

高粱重茬影响产量：高粱吸肥能力强，需肥量多，对土壤营养元素消耗量大，残留给土壤的有效养分少，对土壤结构破坏严重，使高粱茬地肥力明显下降，因此肥力得不到补充时连年种植容易减产。高粱重茬会使黑穗病、蛴螬等病虫害加重。

适时收获：收获时期对高粱产量和品质影响很大。适时收获的准则是籽粒产量最高、品质最佳、损失最小。高粱籽粒干物质积累量在蜡熟末期和完熟初期达到最大值，籽粒含水量20%，单穗粒重和千粒重最高，着壳率低、出米率高，是最佳收获适期。其外观指标是全穗绝大部分籽粒已经定浆，穗基部籽粒有少许白浆。

88. 高粱主要病虫害及其防治方法有哪些？

（1）高粱丝黑穗病（长乌米） 是由于土壤中含有丝黑穗病菌，萌发产生双核侵染丝，侵入幼苗蔓延到生长点，在花序内发病。感染丝黑穗病菌的高粱一般植株矮小，高粱穗比较细。病穗在未抽出旗叶以前即膨大，幼嫩时为白色棒状，早期在旗叶内仅露出病穗上半部。病菌孢子堆生在花序中，侵染整个花序。最初里面是白色丝状物，外面包一层薄膜，成熟后变成一个大灰包，外面薄膜破裂，里面病菌孢子变成黑色粉末，后脱落，像头发一样一束一束的黑丝。防治方法主要为：①选用抗病品种。②轮作倒茬，降低土壤中丝黑穗病菌致病力，控制丝黑穗病的发生。③种子处理。用多菌灵、三唑酮等杀菌剂拌种。④适时播种。高粱发芽到出苗前遇低温易感染丝黑穗病。因此，根据土壤墒情和温度适期播种，可有效降低丝黑穗发病率。⑤及时拔出病株，并立即深埋，防止扩散。

（2）地下害虫　主要有黏虫、螟虫、蚜虫以及蛴螬和蝼蛄等。黏虫是暴食性害虫，发生面广，危害猖獗，要做好虫情预报，在三龄前选用菊酯类农药杀灭，个别残留大虫人工捕杀。玉米螟在高粱茎秆钻洞，造成植株中上部折断、倒伏或掉头，防治方法是在心叶末期投入辛硫磷颗粒剂灭杀。每年7～8月高粱挑旗-抽穗-开花期是高粱蚜虫危害高峰期，防治不及时可导致不抽穗、败育、植株枯死，甚至绝收，防治蚜虫一般用菊酯类农药为主。蛴螬和蝼蛄等地下害虫在高粱苗期危害极大，防治方法一般用辛硫磷拌种，或施毒谷等拌饵料施入土壤。

二、 谷子

89. 谷子特性有哪些？其经济效益如何？

（1）生育特性 谷子抗旱、耐瘠薄、水分利用效率高、适应性广，稳产性强，化肥农药用量少，是环境友好型作物。在适宜温度下，谷子吸收自身重量 26% 水分即可发芽。我国一直将其作为粮饲兼用型作物，在美洲、澳洲和欧洲部分国家多是作为饲草作物栽培。

（2）营养成分 谷子去皮后为小米，其蛋白质含量为 11.42%，粗脂肪含量为 4.28%，高于一般作物；含有人体必需氨基酸的含量较为合理；其不饱和脂肪酸占总脂肪酸的 85%，能防治动脉硬化。小米维生素 A（每 100 克 0.19 毫克）和维生素 B_1（每 100 克 0.63 毫克）含量均超过其他主要谷类作物，且维生素 E 含量丰富。小米中铁、锌、铜、镁等矿物质含量超过大米、小麦粉和玉米；有机硒含量丰富，使小米具有补血、壮体、防治克山病、大骨节病等作用。

（3）主产区分布及其特点 目前全国谷子生产、育种、品种管理采用三大区划分法，即东北春谷区、西北春谷区和华北夏谷区。春谷区地理范围广，品种类型多样，4～5 月播种，9 月中下旬至 10 月收获，每年一季，生育期长。夏谷区主要包括河北、河南、山东、北京、天津、山西等华北地区，6 月播种，生育期 80～90 天。我国历史上有四大"贡米"以煮粥口味醇香而闻名，分别是山东的金米和龙山米，山西沁县的沁州黄，河北蔚县的桃花米。但他们都是农家种，产量低，抗性差。

(4) 产量和效益 随着谷子倒伏问题的解决，产量水平显著提高。作为特色作物和营养保健食品，谷子不使用化肥、浇水少甚至不浇水，投入产出比较高。

90. 谷子优质高产栽培技术有哪些？

(1) 整地施肥 谷子整地包括伏耕和秋耕、春耕三个时期。春谷以秋耕为好，春耕差；夏谷进行伏耕，一般在土壤含水量15%～20%范围整地质量最好。谷子播种前旋耕具有活土、除草、增温作用，可提高播种质量、促进幼苗生长。耕后耢地，可有效破碎大量坷垃，减少蒸发，保墒效果好。谷子施肥分为基肥、种肥和追肥。基肥最重要，应随深耕一次性施入；种肥一般用在贫瘠农田；追肥是拔节期追"坐胎肥"，孕穗期追"攻籽肥"。

(2) 自留种子盐水选种 对于常规谷子品种（非杂交种），用盐水进行比重比清水大的特点进行选种，其作用是：能够选留饱满的籽粒做种子，提高种子质量；可以把秕谷、草籽、杂物等漂去，提高种子净度；可以除去附着在种子表面的病菌孢子，减少种子发病及危害。

(3) 谷子高产优质栽培轮作倒茬 轮作倒茬是调节土壤肥力、防除病虫害、实现农作物优质高产稳产的重要保证。轮作倒茬作用主要有：①合理利用土壤养分。谷子是浅根性、须根性作物，主要利用土壤浅层养分，合理倒茬可以改善土壤表层养分供应。②消除或减轻病虫害。谷子白发病、黑穗病除了种子带菌传染外，土壤传染也是重要原因。实行合理轮作，隔数年种植，可以减轻病菌的感染。③抑制和消灭杂草。④利用肥茬播种谷子，实现谷子高产。

(4) 高产栽培技术 谷子的生育特点概括为"六喜六怕"。

①喜欢轮作怕重茬。谷子重茬地病害严重，杂草严重，谷莠子多。②播种时喜墒怕干，土壤墒情不足易造成缺苗断垄。③出苗后喜疏怕稠，如果不及时间苗，或留苗过于密集，会影响后期生长，造成秆弱穗小，易倒伏并减产。④拔节前喜蹲怕发，拔节前肥水过于充足，或田间郁蔽，通风透光条件差，造成拔节期生长过快，容易发生倒伏。⑤拔节孕穗期喜水怕旱，拔节孕穗期干旱，容易造成"卡脖旱"，抽穗不畅或抽不出穗，或形成畸形穗。⑥开花灌浆期喜晒怕涝，谷子开花灌浆期需要充足阳光，日照充足，小花开的快，且花粉量充足，小花授粉效果好，有利于叶片光合作用，制造大量光合产物，形成较高产量。

早间苗，防荒苗，对培育壮苗很重要。间苗最好在3叶1心期，其增产效果最好。目前解决谷子间苗问题一般采取两项技术：①化控间苗技术，即将种子的一部分用化学药剂处理，然后与正常种子混匀播种，出苗后处理过的幼苗自动死亡，达到共同出苗和间苗的目的。②利用抗除草剂品种，播种时抗除草剂品种与不除草剂品种混合播种，出苗后通过喷除草剂达到除草和间苗的双重目的。

旱地谷子丰产栽培主要措施：①苗期管理。谷子苗期到拔节阶段以根系建成为中心，管理的主攻方向是适当控制地上部分生长，促进根系发育，培育壮苗。②穗期管理。该期是谷子营养生长和生殖生长并进期，茎叶生长旺盛，各种生理过程活跃，对养分竞争激烈，是谷子一生吸收水肥高峰阶段，管理的主攻方向是协调营养生长和生殖生长的关系，达到株壮穗大。③粒期管理。谷子抽穗后，发育中心是开花受精，形成籽粒，管理的主攻方向是防早衰，延长叶片寿命，提高成粒率，增加粒重。

(5) 谷子简化栽培技术 是利用从加拿大引进的抗除草剂青狗尾草突变材料，通过有性杂交，将其抗除草剂基因导入谷子品种中，通过杂交、回交等育种手段，培育出抗除草剂、不抗除草剂或抗不同除草剂的同型姐妹系或近等基因系，把2～3个同型姐妹系或近等基因系按一定比例混合播种，通过喷施特定除草剂达到同时实现化学间苗、化学除草的目的。

（6）收获贮藏与加工　①适时收获。②收获割下的谷子及时摊晒，防治谷穗发芽和霉变。③贮藏期注意降低温度和水分，抑制谷子呼吸作用，减少微生物的侵害。

91. 谷子主要病虫害及其防治技术有哪些？

（1）谷子白发病

表现症状：谷子白发病又叫"露心""灰背病"，是系统侵染病害。谷子从萌芽到抽穗后，各个生育阶段陆续表现出多种不同症状。种子未出土的幼苗发病为"死芽"，苗期症状为"灰背"，抽穗前症状为"白尖""枪杆"和"白发"，抽穗症状是"看谷老"。

①死芽（芽腐）。种子萌发时受到侵害，并变褐色，扭曲未出土前即死亡，造成缺苗断垄。②灰背。幼苗长到3～4片叶时，病叶中间出现白色条斑，叶背长出灰白色霉层，以后叶片变黄，甚至枯死。③白尖和枪杆。当叶片出现灰背后，叶片干枯，但心叶仍能继续抽出，抽出后不能正常展开，呈卷筒状直立，颜色为黄白色，以后逐渐变褐色，呈枪杆状。④白发。顶叶破裂散出大量黄褐色粉末状的卵孢子，剩下叶脉，散乱像一团白发。⑤看谷。老病株一般不能抽穗，部分病株抽一部分或抽穗而不能结实，穗子畸形，短肥粗大，上面长出许多小短叶，直立田间，全穗膨松，像刺猬头，不结籽粒，里面有大量黄褐色粉末。

发病规律：病害的发生与气候条件、耕作制度、品种抗病性以及播种期等因素有关。土壤温度在20℃左右，土壤湿度为60%左右，最利于发病。春谷播种偏早或过深，幼苗出土时间长，增加了病菌侵染机会，病害就严重。病地连作，土壤中菌量连年积累，发病逐年加重。自然条件下，病菌初侵染来源有3

种情况：①田间病组织破裂时，卵孢子散落于土壤中，使土壤带菌。②用病株喂牲口或沤肥，使粪肥带菌。③病株、健株一起脱粒时，谷粒表面沾染卵孢子，使种子表面带菌。其中土壤带菌是病害的主要初侵染来源。

防治技术：①选用抗病良种。选用抗病良种是防治白发病最经济有效的方法。②清除谷茬、谷草和杂草。谷茬、谷草和杂草都是病害的越冬场所，要结合秋耕地，在翌年 4 月底前，将这些杂草清除干净，可以减轻病害的发生。③轮作倒茬。在重病地块，与马铃薯、豆类、玉米、小麦等作物进行倒茬或实行 2 年以下轮作。④适当晚播。可减轻白发病的发生。⑤拔除病株。在"白尖"出现但还没有变褐色破裂前，拔除病株，带到地外烧掉或深埋，消灭菌源，不能喂牲畜或沤肥。⑥种子处理。用质量分数 25％甲霜灵可湿性粉剂或质量分数 35％甲霜灵拌种剂，以质量分数 0.2％～0.3％的药量拌种，或用甲霜灵与质量分数 50％克菌灵按 1∶1 的配比混用，以种子质量 0.5％的药量拌种。⑦土壤处理。土壤带菌量大时，可沟施药土，每亩用质量分数 40％敌克松 0.25 千克，加细干土 15 千克，撒种后沟施盖种。

（2）谷瘟病

表现症状：谷瘟病又称间码、串码等。此病害在谷子的各个生育阶段都可能发生，侵害叶片、叶鞘、茎节、穗颈、小穗和穗梗等部。叶子染病开始出现水渍状暗褐色小斑，然后变为梭形斑，中央呈灰白色，叶子边缘紫褐色并有红黄色晕环。空气湿度大时病斑上密密生出灰色霉层，严重时病斑密集融合，使叶片局部或全部枯死。茎节染病开始呈黄褐色或黑褐色小斑，然后逐渐绕全茎节一周，造成节上部枯死，容易折断。叶鞘染病是较大的长椭圆形病斑，严重时枯黄。穗颈染病开始为褐色小点，慢慢上下扩展为黑褐色梭形斑，严重时绕颈一周造成全穗枯死。小穗染病，穗梗变成褐色枯死，籽粒不饱满，干瘪。

发病规律：谷瘟病的流行程度受气象条件的影响。在北方谷子栽培区，高湿、多雨、寡照、田间郁闭、湿度高、结露量大的地块发病较重。病残体积累较多的连作田块、低洼积水田块、氮肥施用过多植株贪青徒长的田块，发病也较重。

防治技术：①选用适合当地的抗病品种。②农业防治。采用配方施肥技术，不要偏施氮肥，防止植株贪青徒长，增强抗病能力；种植密度不宜过大，实施宽行密植，保证通风透光；不要大水漫灌，应浅水快过；严格采种，进行单打单收；加强栽培管理，实行轮作，收获后及时清除病残体，减少越冬菌源。③药剂防治。在发病开始期、抽穗前和齐穗期各喷 1 次。用体积分数 0.4％春雷霉素粉剂，每亩喷粉 2.5 千克。还可以喷洒质量分数 40％敌瘟磷乳油 500～800 倍液，或质量分数 65％代森锰锌可湿性粉剂 500 倍液，或质量分数 70％甲基硫菌灵可湿性粉剂 600～800 倍液喷雾。

(3) 谷子红叶病

表现症状：谷子的红叶病又称红樱病、红毛病。它是由大麦黄矮病毒引起的一种全株性病害。谷子紫秆品种发病后叶片、叶鞘及穗部、颖壳和芒都变成红色、紫红色，青秆品种染病不变红色而发生黄化。病叶发病时从叶尖开始变成红色或者黄色，然后逐渐蔓延到整个叶片，最后全叶干枯，有的只是叶片中央或边缘变成红色或者黄色，病穗短小，质量轻，种子发芽率低，严重的穗变形或不抽穗，根系发育不良，病株矮化，叶面皱缩，叶片边缘呈波浪状，病重的植株提前枯死。

发病规律：谷子红叶病毒主要在多年生带毒杂草寄主上越冬，第二年春季经玉米蚜等传毒蚜虫由杂草向谷子传毒，种子、土壤都不传病。春季干旱、温度回升较快，玉米蚜发生早而且多，红叶病发病就早而重，夏季降水较少，有利于蚜虫繁殖和迁飞，发病也重，杂草多的田块，发病较重。谷子植株的感染时期越早，发病程度和减产程度也越高。

防治技术：①因地制宜选用抗病品种。②加强田间管理，基肥要充足，在谷子出穗前追施氮、磷配合的肥料。③清除田边杂草，减少初侵染来源。在杂草刚返青出土时，及时彻底清除，以减少毒源。④化学防治。在玉米蚜、高粱蚜、麦二叉蚜等蚜虫迁入谷田之前，每亩及时喷洒质量分数 50%抗蚜威可湿性粉剂 7～8 克。

（4）谷子纹枯病

表现症状：谷子在拔节期开始发病，首先在叶鞘上产生暗绿色、形状不规则的病斑，然后病斑迅速扩大，在叶鞘上汇合成椭圆形云纹状斑块，病斑中部逐渐枯死，呈灰白色至黄褐色，边缘比较宽，呈现深褐色至紫褐色，经常几个病斑互相愈合形成更大的斑块，有时达到叶鞘的整个宽度，病叶鞘枯死，相连的叶片也变灰绿色或褐色而枯死。严重时病害可从叶鞘侵染其下面相接触茎秆，茎秆上的病斑形状和叶鞘相似，淡褐色和深褐色交错相间，整体花秆状。多雨高湿时，在病叶鞘内侧和病叶鞘表面形成稀疏的白色菌丝体和褐色的小菌核。病株不能抽穗，或虽能抽穗但穗小，灌浆不饱满，病秆软化腐烂，易折倒，减产严重。病菌也可侵染叶片，生成形状不规则的褐色病斑，有轮纹，中部颜色较浅，汇合成大的斑块，使整个叶片输送营养受阻而枯死。穗颈上也产生形状不规则、边缘不明显的褐色病斑。

发病规律：病原菌主要以菌核在土壤中越冬，也能以菌核和菌丝体在病残体中越冬，第二年越冬菌核萌发，产生菌丝侵染谷子幼苗或成株茎基部。在北方较干旱的谷子栽培地区，降雨和大气湿度影响至关重要。多雨时纹枯病呈上升趋势，危害严重。在降雨或浇水后，病害正常发生，干旱时病情停滞发展。如果再遇上降雨或高湿，病害又开始发生。另外，播期过早、氮肥施用过多、播种密度过大、因免耕或秸秆还田而使菌源增多等，这些都有利于纹枯病的发生。

防治技术：①农业防治。种植抗病品种；深耕灭茬，及时清除田间病残体,减少侵染源,加强栽培管理;适当晚播,缩短侵染和发病时间;合理密植,清除杂草,改善田间通风透光的环境,降低田间湿度;科学施肥,多施有机肥,合理施用氮肥,增施磷、钾肥,改善土壤微生物的结构,增强植株的抵抗力。②药剂防治。药剂拌种,用种子质量的 0.03% 的三唑酮进行拌种,可以控制苗期的侵染,减轻危害程度;田间防治,用质量分数 50% 可湿性粉剂纹枯灵兑水 400~500 倍液或用质量分数 5% 井冈霉素 600 倍液,当病株率达到 5%~10% 时,在谷子茎基部彻底喷洒防治 1 次,7 天后防治第二次,效果显著。

(5) 谷子锈病

表现症状:谷子锈病俗称黄疸病、黄锈病等。在谷子的叶片和叶鞘上发生,但主要危害叶片,谷子抽穗后,在叶片两面,特别是在谷子背面散生大量红褐色、圆形或椭圆形的斑点,以后病斑周围表皮破裂,可散生黄褐色粉末,像铁锈一样,这是病菌的夏孢子。后期从叶片背面和叶鞘上产生圆形和长圆形灰黑色斑点,内部为黑褐色粉末,是病菌的冬孢子。

发病规律:病菌的夏孢子和冬孢子都能越冬,成为第 2 年初侵染源,病菌借气流传播进行再侵染,高温多雨有利于发病蔓延。在华北,一般温度 30~32℃,湿度 70% 时最易发病,氮肥过多、地势低洼、种植密度过大、茎叶茂盛徒长和植株贪青晚熟都有利于病情加重。

防治技术:①选用适合当地的优良品种。②农业防治。合理施肥,施用氮肥不要过多、过晚,增施磷、钾肥,防止植株贪青晚熟;加强栽培管理,适期播种;合理密植,以利通风透光;合理排灌,低洼地雨后及时排水,降低田间湿度。③药剂防治. 用质量分数 25% 三唑酮可湿性粉剂,每亩用药 25 克,兑水 50 升喷雾,或用质量分数 12.5% 烯唑醇可湿性粉剂,每亩用药 60 克,可在田间发病形成期,即病叶率在 1%~5% 时,喷药防治,间隔 10~15 天后,喷第二次药。

（6）**谷子主要虫害及其防治措施** 主要虫害有蝼蛄、金针虫、钻心虫、黏虫等。防治措施：①结合秋耕等清除杂草，减少初侵染源。②合理轮作倒茬。③选用抗病、耐病品种，适期播种。④合理施肥，加强管理，增强植株抗病力。⑤适量喷洒农药。

三、| 甘薯

92. 甘薯育苗与管理技术有哪些特点？

（1）育苗 利用薯块的萌芽特性育成薯苗是甘薯生产上的一个重要环节。薯块宜选用根痕多、芽原基多的品种，以重100～250克，质量好的夏、秋薯块作种薯。可采取各种育苗方法，如人工加温的温床，用多种式样的火坑，或使用微生物分解酿热物放出热能的酿热温床和电热温床等。利用太阳辐射增温的有冷床、露地塑料薄膜覆盖温床和苗床等。苗床加盖塑料薄膜，可提高空气温度和湿度，有利于幼苗生长，使采苗量增加，百苗重能提高20％左右。育苗过程中，前期要用高温催芽。从排种到齐苗的10多天内，温度由35℃逐渐下降，最后达到28℃。苗高约15厘米时，温度由30℃渐降到25℃。床土适宜持水量为70％～80％，初期水分不足，根系伸展慢，叶小茎细，容易形成老苗；水分过多，则空气不足，影响萌芽；在高温、高湿下，薯苗柔嫩徒长。采苗前3～5天，必须降温炼苗，将床温维持在20℃左右，相对湿度60％。为了避免薄膜覆盖的苗床内气温过高，除通风散热外，床土还要保持一定的湿度，以便降低膜内气温。萌芽过程中，薯苗所需养分，主要由薯块供应，但根系伸展后或采苗2～3次后，要加施营养土或追施速效氮肥。床土疏松，氧气充足，能加强呼吸作用，促进新陈代谢。严重缺氧能使种薯细胞窒息死亡，引起种薯腐烂。覆盖塑料薄膜时，必须注意通风换气，有利于长成壮苗。

育苗时间因育苗的方式而有不同。加温苗床一般在栽插前1

个月左右进行育苗，而冷床和露地育苗则在栽前 1 个半月左右进行。排种密度每平方米以 23～32 千克薯块为宜。采苗宜及时，以免影响苗的素质和下茬苗的数量。采苗的方法有剪、拔两种。剪苗比拔苗好处多：①种薯表面没有伤口，可防止病菌入侵。②不会摇动种薯损伤薯根。③促使基部腋芽、小分枝生长，增多苗量。剪苗要离床土 3 厘米以上，剪取蔓头苗栽插，能防病增产。

（2）管理技术 是根据甘薯块根形成、膨大规律和对环境条件的要求，在合理轮作、选用良种的基础上，为提高产量和改善品质所运用的综合农业技术措施。栽培上应协调个体和群体、地上部和地下部之间的关系，促使植株向早发棵、早结薯、茎叶稳长、块根持续增大的高产长相发展，达到高产稳产。

整地作垄：甘薯要求土壤肥沃、土层深厚并疏松，以利块根形成膨大。大田生产大多采取垄作，极少平作。做垄方式有人工深挖作垄、套耕法作垄等。垄的方向最好南北向，以便植株获得充足的阳光，丘陵坡地做垄方向宜与等高线平行，利于蓄水，防止水土流失。

栽插：选用壮苗，适时早插，可充分利用生育期，当 10 厘米深处的土温达到 17～18℃时即可栽插。栽插的方法有直栽法、斜栽法、平栽法等。栽插的密度，水肥条件好的地宜稀，差的地宜密；长蔓品种宜稀，短蔓品种宜密；早栽的宜稀，迟栽的宜密。一般生育期长的春夏薯每亩栽插 3 000～5 000 株，生育期短的夏秋薯每亩 4 000～6 000 株，越冬薯栽插 4 000～5 000 株，饲料栽培的每亩 8 000 株左右为宜。

田间管理：甘薯生育前期氮素的需要量比较大，后期钾肥的需求量比较大，对磷的需求量相对较少；甘薯对水分的需求量大。每生产 1 吨块根需耗水 300 吨，根据甘薯需肥等特点和高产长相要求加强田间管理是增产的重要措施。①发根还苗期。秧苗栽插后至根系基本形成。当地上部新叶展开，50％以上植株展开新叶或长出腋芽时开始独立生长，春薯一般插后 3～5 天发根，10 天左右还苗，夏秋薯 1～3 天发根，3～5 天展开新叶还苗。②分枝结薯期。从抽出分枝到茎叶覆盖地面期间，地下形成块根雏形，结薯数基本稳定。此期春薯在栽后 50～70 天，夏秋薯在栽后 40～50 天。茎叶生长由慢变快，块根伸长增粗，植株营养生长和养分积累同时进行，是决定产量的关键时期。③块根盛长期。从茎叶生长到达高峰期，功能叶片数达到最大值，其后茎叶鲜重和叶面积指数逐渐下降，黄叶和落叶数随着增加，直至收获。这一时期生长从氮素代谢转为碳素代谢为主，蔓薯比例1∶1时为转折时期，植株体内碳水化合物主要向块根运转贮存，使块根重量和干率不断提高，是决定块根产量的关键时期。要求茎叶健旺而不徒长，不早衰，垄土疏松通气，以利块根持续增大。

收获：甘薯块根无明显的成熟期，以当地平均气温下降到15℃，块根停止膨大时为收获适宜时期，最晚不低于 12℃，过晚会使块根遭受低温冷害，降低品质和耐贮藏能力。先收早栽薯、种用薯，便于加工和保藏；后收迟栽薯、食用薯，利于增产和提高食用品质。收获方式有人工、畜力和机械三种，选择晴天收获，当天选薯入窖。

93. 甘薯脱毒技术特点是什么？

（1）**甘薯脱毒程序**　脱毒甘薯种薯的生产过程包括优良品种筛选、茎尖苗培育、病毒检测、优良茎尖苗株系评选、高级脱毒试管苗速繁、原原种、原种、良种种薯及种苗繁殖等环节。最终目的是保证各级种薯质量，充分发挥脱毒甘薯的增产潜力。

（2）**脱毒甘薯优点**　甘薯脱毒可恢复原品种种性，是提纯复壮的过程。脱毒甘薯的优点是：萌芽性好，大田生长势强，结薯早，薯块膨大快，结薯集中；薯块外观品质好，商品率高，增产显著；病害减轻，脱毒甘薯种薯种苗不携带任何病害，田间发病率明显降低。

(3) 脱毒种薯选择 甘薯脱毒种薯良种利用 3 年后增产效果不再显著，需要更换新的脱毒薯种。选购甘薯脱毒种薯时，第一要到正规科研单位或信誉好的种业公司、协会购买；第二要求参观脱毒和检测设备，判断该单位是否掌握该项技术；第三是观察脱毒种薯商品质量，脱毒种薯皮比较光滑、薯块较均匀；第四调研其原种的来历和生产基地；第五要签订脱毒种薯质量保证书。

94. 甘薯主要病虫害及其综合防治技术有哪些?

(1) 甘薯主要病虫害类型 甘薯病害类型很多，已经报道的有 30 多种，有甘薯真菌性病害（甘薯黑斑病、根腐病、软腐病、蔓割病、疮痂病等）、甘薯细菌性病害（甘薯瘟病）、甘薯线虫病（甘薯茎线虫、甘薯根结线虫病）、甘薯病毒病。北方薯区主要病害有茎线虫病、病毒病、根腐病、黑斑病。

我国甘薯害虫的种类很多，除少数专门危害甘薯外，大部分是杂食性的，危害多种作物的害虫。主要害虫有甘薯蚁象、甘薯长足象、斜纹夜蛾、甘薯天蛾、甘薯麦蛾等。危害甘薯的地下害虫主要有蟋蟀、蝼蛄、地老虎、蛴螬、金针虫等。

(2) 病虫害防治技术 ①选用抗病品种。②建立无病留种田。③培育无病壮苗。选用无病薯块做种薯，育苗时可用 40%乐果乳油 1 000 倍和 40%多菌灵 800~1 000 倍或 50%甲基硫菌灵 1 500 倍混合液浸种 5 分钟或直接喷洒消毒；高剪苗防治薯苗携带病原。④栽培技术。栽插前用 50%多菌灵和 40%辛硫磷各 1 000 倍混合液浸苗；病虫较重的地块可穴施辛硫磷微胶囊剂或三唑磷微胶囊剂，可用 15 千克麸皮和 500 克辛硫磷拌匀与农家肥一块撒于垄内。⑤生物物理防治、药剂防治相结合。生长期采用性引诱剂、黑光灯等方法诱杀成虫；危害初期每亩可用溴氰菊酯 50 克兑水 50 千克喷雾，防治甘薯天蛾、斜纹夜蛾、造桥虫等。⑥销毁病薯残体。收获捡拾病薯病株及时销毁，防治病源扩散。

95. 甘薯贮藏与加工技术要点是什么？

甘薯分为鲜薯贮藏和薯干贮藏。鲜薯贮藏是把收获的块根堆积在贮藏窖内，用控制温湿度为主的措施，强制块根减缓生理活动进程，使之在冬季低温条件下，尽量减少体内营养物质的消耗，达到保持其鲜度和品质的目的。薯干贮藏是把薯块切片或刨丝晒干，长期保存不使发生霉变。

(1) 贮藏期生理 鲜薯没有休眠期，收获后照常进行旺盛的呼吸作用。有氧呼吸时块根吸收氧，把体内淀粉分解为糖，释放出二氧化碳、水和热能，呼吸热是贮藏期间的主要热源。块根在 9～15℃ 范围内，呼吸强度变化比较平稳，低于 9℃ 显著减弱，超过 15℃ 明显增强。甘薯块根在进行正常生理活动中，部分淀粉转化成糖和糊精，贮藏期间淀粉含量减少，糖含量增加，块根里原果胶质部分变成水溶性果胶质，使薯肉变软。如果贮藏期内遇到较长时期的低温，可使甘薯体内的部分水溶性果胶质转化成为果胶质，使薯肉组织变硬产生烂心，蒸煮不烂。

(2) 贮藏窖 贮藏窖形式根据当地条件和习惯建窖，主要有三种：①井窖，系地面垂直挖井，再在井底横向挖贮藏室。冬季土窖愈深土温愈高。具体深度因地而异，以能保持窖温稳定在 10～15℃ 为准。井窖深入地下，不易受外界温度影响，保温性较好，而且窖里湿度大，有利于保持甘薯鲜度，但管理不方便。适用于地下水位低、土质坚实的地方使用，是中国北方农村常用的窖。②棚窖，有地下式和半地下式两种。在平地挖长方形或圆形坑，深度不超过两米，可用四周围干草保温。棚窖构造简单，适用于冬季气温不太低、土质松软、地下水位较高的地区。这类窖因为入地不深，窖里温度容易受气温变化的影响，不够稳定，保温性较差。③屋窖，有地上式和半地下式两种。结构分为砖、石、土三种，外形与普通房屋相似，为了提高窖体的防寒保温性能，须加厚墙壁和屋顶，前后墙设有通气窗，窖里分割成若干个贮藏间。屋内有升温设备，可进行高温愈合处理。可以用人工调节温度、湿度，有明显的防病效果，安全贮藏率可达95％以上，是适用于中国薯区的贮藏窖。其他还有山洞窖、拱形窖等，都是利用山冈高坡掘洞而成，与井窖构造相似。

(3) 薯窖管理 入窖前剔除带病、破伤薯，入窖时做到轻拿、轻放。贮藏期间通过控制温、湿度，最大限度地降低呼吸强度，减少营养物质的消耗，使块根在整个贮藏期内处于"强迫休眠"状态，从而保持其鲜度。适宜的贮藏温度范围为10～15℃，相对湿度为85％～90％。低于9℃的时间过长，会发生冷害，轻者生活力降低，耐贮藏性减弱，重者组织褐变坏死；高于15℃薯块呼吸作用增强。湿度过低，薯块伤口不易愈合，从而增加病菌的感染机会。高温高湿能促进薯块发芽，并易受病菌繁殖蔓延，造成大量腐烂；低温高湿则加重冷害程度。刚入窖的薯块呼吸作用较强，窖内温湿度较高，应及时通风排湿降温，贮藏期间应严格控制温、湿度，适当通风。

(4) 高温愈合处理 利用块根受机械损伤后，在适当的环境条件下，能自行愈合伤口的特点，采用适当提高温、湿度，从而加快伤薯愈合过程，保护机体不被病菌侵染而发生腐烂，达到安全贮藏的目的。愈合组织的形成，首先是受伤表面数层细胞失水干缩，形状变长，它下面的几层细胞的细胞壁加厚木栓化，再下面有一层细胞里的淀粉逐渐消失，并在此部位生出扁平细胞层，连续进行细胞分裂，最终形成愈合组织。愈合组织形成的快慢和它所处的温、湿度条件密切相关。高温愈合处理所用的温湿度以及时间，各国不尽相同。美国使用的温度是29.5℃，相对湿度85％，处理时间为10天；日本用32℃，相对湿度为90％，处理时间为 5～6 天；中国采用温度为 34～37℃，相对湿度 85％～90％，处理时间为 4 天。这样做的结果不仅加快伤口愈合程度，更能有效防治甘薯黑斑病、软腐病的危害。高温愈合处理结束后，须进行通风散热，使窖里温度降到 10～15℃，转入正常贮藏窖管理。

（5）**薯干贮藏** 中国农村多采用手工操作自然暴晒的方法制作薯干。如阳光充足，阴雨较少，多采用切片晒干；阴雨天气较多，湿度较大时，多采用刨丝或切成小薯块晾晒。制干用的甘薯应早收，在当地霜期到来以前，选择晴天边收获边切晒，防止晚秋气温过低或遇阴雨，影响薯干质量，甚至发生霉烂损失。薯干吸湿性强，易受外界温度、湿度影响而发生霉变。入库贮藏时，按照质量标准和干燥程度分别存放，温度控制在 30℃ 以下，薯干含水量不超过 11％，若超过须晾晒。

第四部分 | 中草药种植

ZHONGCAOYAO ZHONGZHI

96. 山药的主要栽培技术有哪些？

山药又称薯蓣、土薯、山薯蓣，药用来源为薯蓣科植物山药干燥根茎（图 10-左）。

(1) 生活习性　山药对生长环境适应性较强，喜温暖，较耐寒，不耐旱，最怕涝。出苗需日平均气温 13℃ 以上，生长发育以 23℃ 为适温，根茎在地下能自然越冬。对土壤要求较严，栽种时以土层深厚、土壤结构均匀，上下不分层，土质肥沃，富含腐殖质的沙壤土为宜，土壤 pH 为 6.5～7.5 范围内。地下水位高、涝洼、黏土地、过沙、碱性强的土壤不宜栽培，忌连作。

(2) 繁殖　山药的繁殖材料有两种：芦头和零余子。秋末冬初采挖山药时，将带有芽头的根茎部分切下 10～20 厘米长的小段，称为芦头。留种时选颈短，芽头饱满，粗壮无病虫害的山药芦头，切下后，置通风处晾 4～5 天，使伤口愈合后，用一层湿沙一层芦头，层层堆积在室内或窖内贮藏过冬。贮藏期经常检查有无发热，沙子太湿太干要及时处理，春天取出栽种。

秋季山药茎叶发黄时收摘叶腋的珠芽（零余子），选圆形有光泽，大而无损伤、饱满无病虫害的珠芽，用干沙贮藏于室内，冬季不要受冻害，春天取出育苗。南方于 3 月、北方于 4 月取出贮藏的珠芽，在整好的畦上开沟，沟心距 18～24 厘米，深 5～7 厘米，按株距 3～5 厘米播珠芽一粒，播后施人畜粪和草木灰，然后覆土与畦面平，稍加镇压。保持畦土湿润。播后 10～15 天出苗，幼苗出土后注意勤除草，浅中耕，施肥 2～3 次，干旱时浇水，10 月下旬苗枯后，割去茎蔓，挖出地下部分，称为山药栽子。进行挑选后，像芦头一样贮藏到春天做种。

(3) 栽培方法　山药栽植方法是在整好畦或垄中央开沟，施少量种肥后将栽子或芦头平放沟内，芽头朝一个方面，株距 15厘米，覆土 10 厘米，稍压实并浇水，宽畦可于畦两侧各开一沟，一畦栽植两行，但在山药下面必须开深沟。

山药为根茎类植物，施肥时要注意多施促进根茎膨大的磷肥与钾肥。山药为喜肥植物，如养分不足就会显著影响根茎的生长，错过关键施肥期以后再补效果也不明显。所以除施足基肥外，还要适时追肥。

出苗后及时中耕除草，苗期要浅，以后逐渐加深，注意不要伤根。出苗 15～20 天后选用 2 米以上的树枝竹竿、芦柴等及时搭好人字形架，整个田块可交叉绑扎连成一体，引蔓上攀，以利通风透光。

生长期若干旱要勤浇水，每次少浇水，宜在早晚进行。每次施肥后也宜浇点水。多雨季节及时疏沟排水，以防涝灾。

图 10 山药根茎（左）和地黄（右）

97. 地黄的主要栽培技术有哪些？

地黄，玄参科地黄属多年生草本植物，因其地下块根为黄白色而得名地黄，常生于海拔 50～1 100 米的荒山坡、山脚、墙边、路旁等处（图 10-右）。

（1）生活习性　地黄性喜温暖、阳光充足，忌积水，不耐寒，土质以中性偏碱为好。低洼积水、重盐碱地不能种植。

(2) **根茎繁殖** 作繁殖材料用的根茎,生产上俗称"种栽"。种栽的培育有三种方法:①重栽留种。在 7 月下旬至 8 月上旬,于当年春栽的地黄田间,选择生长健壮、无病的良种植株;或全部挖出,剔除劣种,挑选个头大、芦头短、抗病力强、芽密、根茎充实的作种栽。然后,将挑出的根茎截成 4～6 厘米长的小段,按行距 20～25 厘米、株距 10～12 厘米重新栽在另一块施足基肥、整平耙细的地块内。萌发出苗后,当幼苗长出 3～5 片叶时,进行多次间苗,去弱留强,培育至翌春栽种。每亩用种根 1.0 万～1.5 万个。"重栽留种"会使地黄产量高、质量好,防止退化。②冬藏留种。秋季收获时,选产量高、抗病力强、体大而充实、芦头短的优良单株,挖取根茎后,进行窖藏越冬,或与河沙层积贮藏。翌春取出,将芦头切下,除去木质部即可作种栽。③原地留种。秋季收获时,选留纯正的优良品种,在原地不起挖,培育至第二年春栽时挖取作种栽。

(3) **种子繁殖** 秋季收获时,留一部分生长健壮、无病虫害的优良植株不起挖,让其继续生长,施足磷、钾肥,使其开花结果。于翌年 6～7 月,采集成熟、饱满的种子,脱粒、净选、晒干贮藏备用。春季 3 月下旬至 4 月上旬,在整好的苗床上按行距 15 厘米横向开浅沟条播。将种子拌草木灰均匀地撒入沟内,覆盖细土,以不见种子为度。当气温在 25℃时,播后 1 周即可出苗。出苗后,进行苗床常规管理。当幼苗长有 5～6 片真叶时,即可移栽。以后再选择生长健壮、根茎充实的根段作种栽,选育 3 年即可。有性繁殖的后代其种性和产量都比无性繁殖的好。

(4) **栽培技术** 宜选择上层深厚、肥沃疏松、排水良好的沙质壤土,并且所选地块要求周围无遮阳物以及有一定的排灌条件。于头年冬季或第二年春天,深翻土壤 25 厘米以上,每亩施入腐熟堆肥 200 千克、过磷酸钙 26.7 千克,翻入土中作基肥。然后,整平耙细,作成宽 1.3 米的高畦或高垄栽种,畦沟宽 40

厘米，四周开一个大的排水沟，以利排水。

地黄的主产区河南，将地黄划分为早地黄和晚地黄两种，当地药农有"早地黄要晚，晚地黄要早"的栽培经验：早地黄于4月上旬栽种，晚地黄于5月下旬至6月上旬栽种。栽种前将种栽头尾去除，取其中段，然后截成3～6厘米长的小段，每段要有2～3个芽眼，切口蘸以草木灰，稍晾干后下种。密度：按行距30～40厘米的浅穴，每穴横放种栽1～2段，覆盖拌有粪水的火土灰1把，再盖细土与畦面齐平。

地黄根茎入土较浅，中耕宜浅，避免伤根。幼苗周围的杂草要用手拔除。植株将要封行时，要停止中耕。地黄喜肥，除施足基肥外，每年还应追肥2～3次，分别在齐苗后、苗高10厘米左右时和封行时。

地黄在生长前期需水量较大，应勤浇水；生长后期为地下根茎膨大期，应节制用水，尤其是多雨季节，地不能积水，应及时疏沟排水，防止发生根腐病。

植株抽薹时，要及时剪花蕾；对根际周围抽生的分蘖，应及时用小刀从基部切除，使养分集中于地下根茎生长，有利增产。

98. 牛膝的主要栽培技术有哪些？

牛膝，别名牛磕膝。苋科牛膝属多年生草本。花期7～9月，果期9～10月。根入药，生用，活血通经。生于山坡林下，海拔200～1 750米（图11）。

(1) 生活习性 牛膝喜温暖湿润气候，不耐严寒。生长期遇较低温度，生长缓慢。成年植株地下部能耐−15℃的低温，如低于−17℃大多数植株会受冻死亡。种子在20～23℃，湿度适宜的条件下，播后4～5天出苗。牛膝为深根植物，最深可达100厘米左右，故要求土层深厚、肥沃疏松、排水良好的沙质壤土栽培。重黏土及盐碱土栽培生长不良，主根短，侧根多，品质差，地下水位高及排水不良的土地不宜栽培。

（2）种子繁殖　在挖收牛膝时注意选留种株，应选品质优良、生长健壮、产量高的植株作为种株，选枝茂叶肥，主根长直，分叉少、色黄白、粗细均匀的植株，剪去下部根，只留30厘米长，埋于地下，翌年春天按行株距50厘米×30厘米移栽于留种地。待果实成熟采收果枝，晒干脱粒，贮藏留作种用。

（3）栽培技术　牛膝于河南通常于7月初，在已施足基肥的畦面上进行播种。如天气阴雨，只需将种子均匀地撒在畦面上覆盖0.5厘米厚的土。若天旱无雨，应先将种子在清水中浸泡1天，滤干水分，置于盆中，上面盖布，放在室内，不时拌翻，2天左右即可出芽，于午后将发芽的种子均匀地撒在畦上，覆土0.5厘米厚再行浇水。土壤切忌干燥，若天久不雨，每隔1～2天应浇水1次，待苗出齐之后，土壤亦应经常保持湿润。亩播种量均为0.5千克。

牛膝幼苗期怕高温积水，苗出齐后可不再浇水。苗高3～4厘米时按株距3厘米留苗，苗高6厘米时按株距9厘米定苗。播种1个月后，植株出现腑芽，必要时摘除，一般摘芽3～4次。当苗高12～15厘米时结合中耕施入饼肥，每亩50千克。苗高40～50厘米出现顶生花序时及时割除。

牛膝苗期到8月中旬期间，尽量少浇水或不浇水，以利根向下生长。8月下旬之后浇水量要加大，以促进主根加粗生长。有经验的农民说，前期水大倒苗，后期水大烂根，中期水大根深产量高。除追定苗肥外，在9月底追肥1次，10月初有条件可用过磷酸钙进行一次根外施肥，切忌地内积水。

牛膝一般在霜降前后，叶片枯萎时收获。过早根不充实，产量低。过晚根易木质化或受冻，影响质量。细心下刨，防止折断，抖净泥土，晾到八成干时，分成长短等级，晒干入药。一般每亩产干货200～250千克。

图11　牛膝植株和根（入药部位）

99. 菊花的主要栽培技术有哪些？

菊花，为菊科菊属多年生草本植物，以花入药，主产地为河南、安徽、浙江、四川等省，全国各地均有栽培（图12）。

(1) 生活习性　菊花喜温暖湿润和阳光充足的环境，耐寒、较耐旱、怕水涝。菊花为短日照植物，每天不超过10～11小时的光照才能现蕾开花，人工遮光缩短日照时数可促其提早开花。其对土壤要求不严，一般土壤均可种植，但以疏松肥沃、排水良好、pH在6～8沙壤土为优，过黏、盐碱及低洼易涝地块不宜种植，忌连作。

(2) 育苗与栽植　菊花主要通过分根、扦插、压条和嫁接等进行无性繁殖，生产上主要采用分根繁殖。①分根繁殖。收摘菊花后，将菊花茎齐地面割除，选择生长健壮、无病虫害植株，直接于原地用肥土或骡马粪覆盖地面保暖越冬，或将老根挖起，重新栽植在另一块肥沃的地上，覆盖肥土或粪肥保暖越冬。翌春3～4月扒开粪肥，浇水中耕，促其及早发芽出苗。待苗高15～20厘米时，选晴天将母株带根挖起，顺苗分开，选取植株粗壮、须根发达的菊苗，剪去过长的须根和菊头，随即按行株距40厘米×（30～40）厘米挖穴定植，每穴栽苗1～2株，栽后覆土压实，浇水保湿。一般每亩老菊苗可移栽大田 20 亩左右。②扦插繁殖。4～5 月或 6～8 月，选择健壮母株的充实粗壮新技，取其中段，剪成长 10～15 厘米的插条，去除下部叶片，于下端近节处剪成斜口，湿润后快速蘸一下 500 毫克/千克的吲哚乙酸加滑石粉的粉剂，然后按行株距（20～25）厘米×（6～7）厘米插入已整好的苗床上，插条入土 2/3，随剪随插。插后浇水，培土压实，最后畦面盖草保湿。20 天左右插条开始生根，随后浇一次人畜粪水，并注意及时松土除草和浇水。苗高 20 厘米左右时去除菊头，移栽定植。

图 12　河南怀菊花

（3）田间管理　菊花移栽后至现蕾前，一般要进行 4～5 次中耕除草。第一次在缓苗期浅中耕，以提高地温、促进早缓苗。第二次在成活后，以后视杂草和降雨情况再中耕除草 2～3 次，最后 2 次中耕时，要结合进行培土。菊花喜肥，生长期要进行 2～3 次追肥。第一次于移栽成活后，每亩追施稀人畜粪水 1 000 千克或尿素 5～8 千克；第二次于植株开始分枝时，每亩追施人畜粪 1 500 千克或尿素 8～10 千克；第三次于现蕾初，每亩追施人畜粪水 2 000 千克或尿素 10 千克＋过磷酸钙 20 千克。苗高 30 厘米左右时进行第一次打顶摘心；抽出的新枝长达 30 厘米时进行第二次打顶，摘除分枝顶芽；第三次于 7 月上旬进行，最迟不晚于 7 月下旬，否则就会影响菊花的产量和质量。菊花现蕾期遇旱应及时浇水，雨季应注意及时排水防涝。此外于移栽成活后和营养生长末期喷洒 2 次 500 毫克/千克的多效唑，对于促进分枝形成、降低植株高度、提高产量和品质都有明显作用。

100. 丹参的主要栽培技术有哪些？

丹参，别名紫丹参、血参、红根等，为唇形科鼠尾草属多年生草本植物，以根入药，全国各地均有人工栽培（图 13）。

（1）生活习性 喜气候温暖、湿润、阳光充足的环境。地下根部耐严寒，能在北方自然越冬。根系深，以土层深厚、排水良好、中等肥力的沙壤土为好，土壤过肥，反而不利于根系生长。忌水涝，在排水不良的低畦地栽培，易烂根死亡。喜中性或微碱性土壤。过沙过黏的土壤不宜种植。

（2）繁殖方法

分根繁殖： 秋季收获丹参时，选择色红、无腐烂、发育充实、直径 0.7～1 厘米粗的根条作种根，用湿沙贮藏至翌春栽种。亦可选留生长健壮、无病虫害的植株在原地不起挖，留作种株，待栽种时随挖随栽。春栽一般于早春 2～3 月，在整平耙细的畦面上按行距 33～35 厘米、株距 23～25 厘米挖穴，穴深 5～7 厘米，每穴栽入长 5～7 厘米的种根 1 段，根段直立，不宜倒栽，栽后覆土 3 厘米。每亩用种栽 30～50 千克。

芦头繁殖： 收挖丹参根时，选取生长健壮、无病虫害的植株，粗根切下供药用，将径粗 0.6 厘米的细根连同芦头切下作种栽，按行株距 33 厘米×23 厘米规格挖穴，随后每穴栽入带有芦头的种栽 1 段，覆土 2～3 厘米，稍加镇压即可。

种子繁殖： 育苗移栽或直播。①育苗移栽。于 6～7 月种子成熟后播种，畦宽 1.3 米，行距 15 厘米左右，开沟条播，沟深 1～1.5 厘米，将种子拌 2～3 倍细沙均匀撒入沟内，覆土（厚度以不露种子为度）搂平，随后镇压。播后畦面覆盖地膜或稻草等，以便保温保湿，及时出苗，出苗后及时除去地膜或稻草，苗高6厘米时间苗，并及时中耕除草，至11月左右即可移栽。②直播。北方于4月中旬前后条播或穴格，行株距同分根法，条播沟深1~1.5厘米，沟内均匀撒种；穴播每穴点种5~10粒，覆土以不露种子为度，播后及时镇压，每亩播种量0.5千克左右。若土壤水分不足，应先浇水再播种。

扦插繁殖：北方于5~8月，南方于4~5月，选取生长健壮的茎枝，剪成长10~15厘米的插条，剪去下部叶片，于已经整好的畦内按行距20厘米开6~8厘米深的沟，按株距10厘米将插条顺沟斜摆入沟内，随后覆土浇水并适当遮阴，保持土壤湿润。半个月左右开始生根，根长3~4厘米时，即可定植于大田。

（3）选地整地　育苗地宜选择地势较高、土质疏松、灌排方便的地块。定植地宜选择土质深厚、疏松肥沃、地势较高、排水良好、中性或近中性的地块，平地及向阳缓坡地均可。于前作收后，每亩撒施腐熟粪肥3 000~4 000千克，随后深耕30厘米左右，耙细整平，做成宽1.3米的平畦（北方）或高畦（南方）即可待播。

（4）田间管理

中耕除草：一般要进行3~4次。第一次在返青或栽植齐苗后，宜浅；第二次于6月进行；7、8月视情况再中耕除草1~2次，至封行为止。

追肥：结合三次中耕进行三次追肥。第一次每亩追施稀人畜粪水1 500千克；第二次每亩追施较浓人畜粪水3 000千克或碳酸氢铵10~15千克、饼肥50千克；第三次每亩追施腐熟粪肥3 000千克、过磷酸钙25千克。施肥方法可沟施或穴施，施后覆土盖肥。

灌水与排水：出苗前及幼苗期应保持土壤湿润，此期遇旱或其他时期遇严重干旱应及时灌水。雨季应注意及时排水防涝，以免烂根死苗。

摘蕾除薹：除留种植株外，于抽薹现蕾期及时将花薹剪除，以减少养分消耗，时间宜早不宜迟。

图 13　丹参植株和根（入药部位）

101. 金银花的主要栽培技术有哪些？

金银花又名双花、银花、二花、忍冬花，为忍冬科忍冬的干燥花蕾。植株形态为常绿缠绕小灌木（图 14 左）。

（1）生物学特性　金银花有两个较大的品种。一种是节间长、缠绕性强，花大多毛的"大毛花"。另一种是节间较短，直立性强，花蕾集中成鸡爪状的称"鸡爪花"。

金银花的生活能力很强，根系十分发达。枝条萌发力也很强，可种子繁殖。但生产上更常用的是扦插繁殖和分株繁殖。用扦插繁殖，2 年见花，4～5 年成墩，到达开花盛期，15～20 年后衰老，需要更新。

金银花对气候条件要求不严，适应能力很强。耐寒又耐热，抗旱又抗涝。但在高寒山区背阴处生长发育差，生长期短，产量低。对土壤的适应能力也很强。土层深厚肥沃的土地生长旺盛。贫瘠、轻盐碱地也能生长，但发育较差，产量较低。

（2）栽培技术　选择土层深厚、灌溉方便的地块，施入有机肥，深翻整平，按行距 80 厘米开 30 厘米深的沟。将选好的种苗，按照 50 厘米行距株距栽入沟内。每墩一株，踩实，浇水，半月左右就能成活。栽植时间，春、夏、秋都行。秋季栽种要浇好防冻水。

春栽的当年或秋栽的第二年，统称一年幼苗。待枝条长约 30 厘米，进行定干。主干一般选择直立粗壮的枝条，距地面 15～25 厘米，上端剪去。如风大地区，则可矮些；风小地区，则可高些。其次，要选留侧枝，在主干上选留角度大、互不遮阴的粗壮枝条留下 3～5 枝，并将 2/3 的梢剪去。第一次定干修剪后，每亩可施速效肥，并经常进行中耕除草，保持湿润。

进入冬季以后，需再进行一次冬季修剪。主要是剪去在主干上生长出来的枝条，并在主枝选留少量明年能开花的母枝。因是幼龄植株，只能选择 3～5 条健壮的枝条，并在 5～10 厘米处将上梢剪去。冬季修剪，只能延迟，不能提前。提前则因天气温暖又重新长出新叶，甚至发出短枝，徒耗养料，来年生长不旺，有的甚至枯死。封冻前，要施一次冬肥，并浇好防冻水。

金银花在开春后很早就能展叶。因此，在早春还要进行一次补充修剪，将主干、主干中部的芽以及地下根茎处生出来的芽，全部干净地摘去，仅留母枝上的芽。因为芽摘去后又会重新产生，故要反复进行多次。

保留了适当的能开花的母枝，第二年春季能产生适量的花枝。5 月初就能现蕾，需及时采摘。虽然株龄小，单株产量低，但植株多，还会有一定产量的。花后需及时将着花部位的梢剪去。对新生枝条，需将细弱枝条及选留下来的枝条的上中部剪去。花后，要追施一次复合肥，促进生长。因株龄小，第二茬花将延迟产生。第二次现蕾后，及时采摘。采摘后也要进行修剪等管理。第三次花数量很少，可以不再采收。

秋后，因植株都已长大，必须将多余植株移出去。秋后或翌年开春，就可进行隔行、隔株移出，一亩变四亩，植株已基本定型，既充分利用了土地，又得到了一部分产品。无论是移栽的新株，还是留在原地的老株，都要做好冬剪，施好冬肥，浇好封冻水。

第三年解冻后，要对原栽培地进行一次深翻。深翻在行间进行。此次深翻不仅疏松了土壤，还将浅表老根切断，促使新根向深处扩展，控制了地上部分的生长。所以，春季要年年深翻。深翻以后要及时整平，浇水，并做好春季修剪工作，以后的工作基本与二年生植株的工作一样。

四年以后进入成龄期，五年后进入盛花期。一年可收四茬花。修剪是关键，肥水是保证。成龄墩修剪主要是在冬季修剪，除掌握去弱留强、去弯取直、去叠要疏等要领外，还要根据自己的水肥条件，来确定母枝的数量。水肥条件好，母枝数量可适当多一些，长一些。水肥条件差，母枝就要少一些，短一些，以利于夏秋季开花时有增长潜力。一般第一茬花占 40%～45%，第二茬花占 30%～35%，第三茬花占 10%～15%，第四茬花占 10%～15%。

(3) 收获 金银花花蕾的采收期，以头白身青即"二白"时期为最好，干燥后出干率最高，质量最好。已开放或即将开放的为最次，出干率亦最低。

图 14 金银花植株（左）和柴胡（右）

102.柴胡的主要栽培技术有哪些？

柴胡，为伞形科植物柴胡，根供药用。柴胡有两种：①北柴胡，多年生草本。②狭叶柴胡（南柴胡、红柴胡），多年生草本。柴胡生长在1 500米以下山区和丘陵的荒坡、草丛、林缘和林中空地，它的适应性较强，喜稍冷而潮湿的气候，较能耐寒耐旱，忌高温和涝洼积水（图14-右）。

（1）选地整地 宜选土层深厚、疏松肥沃、排水良好的沙质壤土或荒山、缓坡地种植。地选好后，深翻土壤30厘米以上，打碎土块，整平耙细，施入腐熟厩肥作基肥，于播前浅耕一次，然后整平耙细，待播种。

（2）播种

直播： 春播于3~4月进行，秋播于土壤冻结前进行。按行距15~18厘米开浅沟条播，沟深1.5厘米，将种子均匀撒入沟内，覆盖薄土，稍加压紧，盖草保温保湿。春播15~20天出苗，秋播于翌年春季出苗。每亩用种2千克，也可挖穴点播，按行株距25厘米×20厘米挖穴，穴底整平，穴内撒5~7粒种子，覆盖细土，盖草，保湿保温。

育苗移栽： 宜于春季3月中下旬至4月下旬进行，在整平耙细的苗床上按行距10厘米开浅沟条播。沟深1~1.5厘米，覆土与畦面齐平，稍加压紧后用细孔喷壶浇水，再盖草，以利保温保湿。15~20天出苗，苗齐后及时揭去覆盖物，并进行中耕、除草、追肥。培育一年，于翌年春季3~4月移栽。按行距15~18厘米开沟，沟深10厘米左右，按株距10~15厘米放苗，然后覆土浇定根水。

田间管理： 当苗高3~6厘米时进行松土除草、间苗。遇有缺棵，进行补苗。除草、间苗后，按株距6~9厘米定苗。播后第二年，每亩加施过磷酸钙10~15千克，尿素或硝酸铵5~7

千克，促进根部肥大。柴胡怕水涝，在夏季多雨季节，要注意疏沟排水，否则易造成根腐病而大幅度减产。

103. 桔梗的主要栽培技术有哪些？

桔梗，为桔梗科多年生草本植物，根部入药（图15）。株高50～100厘米，全株光滑无毛。二年生常有分枝。叶由轮生到互生。花期7～9月，果期8～10月。

（1）生物学特性 桔梗用种子繁殖，一年生植株开花较少，结籽不太成实。以二年生植物种子为好。陈种子发芽率低，不宜作种用。

桔梗一般用种子直播法栽培，也可移栽，但根常多分枝，质量降低。桔梗种子需在18～25℃且足够湿度下才能萌发。春播地温低，常造成缺苗断垄，可夏播或秋播。第二年冬季收获，质量好，产量高。

桔梗根肥大深长。宜选择土层深厚、肥沃疏松、排水良好的沙质土或沙质壤土栽培。桔梗喜阳光，荫蔽条件下，生长发育不良。盐碱、涝洼地不宜种植。

（2）栽培技术 桔梗可春播，亦可夏播、秋播、冬播。只要地温、湿度适宜，就能萌发。春播常浸种催芽后播种。选择平坦、排灌方便，肥质疏松的沙质土或沙质壤土的地块。

播种采用种子繁殖，直播和育苗移栽均可。直播根条直，根叉少，质量优，产量高，所以，生产上多采用直播。播种时间以晚秋10月下旬至11月上旬为宜，出苗早而齐，亦可春季4月中旬前后播种。播种时，于做好的畦内，按行距20～25厘米开深1.5～2厘米深的浅沟，将种子均匀撒入沟内，覆土镇压，畦面盖草。秋播时，上冻前浇一次水，以确保来春出苗。每亩播种量0.5千克左右。

（3）田间管理
间定苗、补苗：苗高3厘米左右间除过密苗。苗高6～7

厘米时，按株距 8～10 厘米定苗，并对缺苗部分进行补苗，带土移栽，栽后浇水。

中耕除草：齐苗后，结合间定苗进行 2 次中耕除草，以后视土壤水分及杂草等情况再中耕除草 1～2 次。后期不再中耕，有大草应及时拔除。

追肥：生长期间，每年要追肥 2～3 次。第一次于定苗或返青后，每亩追施人畜粪水 1 500～2 000 千克，或硫酸铵15～20 千克、磷酸二铵 5～8 千克；第二次于开花初，每亩追施人畜粪水 2 000～3 000 千克、过磷酸钙 30 千克，或尿素 10 千克＋磷酸二铵 5～7 千克；第三次于地上植株枯萎后，每亩追施腐熟厩肥或堆肥 1 500～2 000 千克。南方还可于果期再增追一次。

灌水与排水：出苗前后应保持畦面湿润。土壤水分不足时，应适量灌水；生长期间，遇大旱应适时、适量灌水。雨季及多雨地区，应注意及时排水防涝。

图 15 桔梗植株

摘蕾除花：留种植株应在 8 月下旬至 9 月上旬将刚开和未开的花蕾剪除，促进所留花朵中种子的生长发育。非留种植株及生产田，应于开花前将花蕾全部摘除，亦可于盛花期，每亩喷施 750～1 000 毫克/千克的 40％的乙烯利溶液 75～100 千克，进行化学除花、疏花，增产效果显著。

104. 山茱萸的主要栽培技术有哪些？

山茱萸，别名山萸肉、萸肉、药枣、枣皮等，为山茱萸科山茱萸属多年生落叶灌木或小乔木，以除去种子的果肉入药（图16）。

山茱萸喜温暖湿润气候，喜阳，怕积水，不耐严寒。寒冷地区不宜种植。对土壤要求不严，但以土层深厚、排水良好、疏松肥沃较湿润的壤土或沙壤土为优。瘠薄的山地、涝洼地、重盐碱地不宜栽植。

山茱萸生长缓慢，6～7 年方能开始结果，15 年后才进入结果盛期，果期可长达数十年至百余年。所以，山茱萸是短期难以获益，但栽植一次可长期受益的药材品种。

（1）选地整地、施肥做畦 选择地势平坦、土层深厚、疏松肥沃、湿润、灌排方便的沙壤土或壤土。前作收后，每亩撒施农家肥 4 000～5 000 千克，随后深翻 25 厘米，耙细整平，做成宽 1～1.3 米的平畦或高畦。

为充分利用荒山荒坡，除利用上述适宜耕地成片发展山茱萸外，栽植地还可选择背风向阳的缓坡山地、荒地及房前屋后、田边沟旁等闲散地，最好成片栽植，以便于管理。栽前也应精细整地和施肥。

（2）播种育苗 山茱萸目前主要用种子繁殖，嫁接繁殖亦可。种子繁殖又多采用育苗移栽。9～10 月，选健壮、丰产、质优、无病虫害的优良植株，采摘粒大饱满、皮厚肉多、充分成熟的果实，挤出种子立即秋播，或将种子立即加 5 倍湿沙或沙肥各半，选室外向阳干燥处挖坑进行沙藏处理，沙藏期间应保持湿润，防止积水。至翌春 2 月下旬至 3 月下旬，将种子取出即可播种。播种时，于做好的畦内按行距 20～30 厘米开深 3～5 厘米的浅沟，将种子均匀撒入沟内，覆土压实。畦面盖草，洒水保湿。每亩播种量 30 千克。

播后 15 天左右出苗，出苗后及时揭去盖草，并进行松土除草，苗高 10～15 厘米时按株距 10 厘米定苗。4、6、8 月各追施稀人畜粪水 1 次，入冬前浇一次封冻水，干湿适宜时进行培土。幼苗培育 2 年，高达 80～100 厘米时即可移栽定植。

采用嫁接苗栽植，可提早结果 5～7 年，提前丰产，而且有利于保持品种的优良性状，是山茱萸人工栽培矮化密植、早果丰产及实现良种化的有效途径，应大力推广。

(3) 移栽定植　于秋季落叶后或早春萌发前定植。定植前，先在整好的地内按行株距 3 米×2 米挖长宽 60～70 厘米、深 30～50 厘米的土坑。然后每坑施入堆肥或土杂肥 5～7 千克，撒入少量细土拌匀做基肥。最后每坑栽壮苗 1 株，填土至半坑，将苗稍提，再填土至坑满，踩实浇水。

(4) 田间管理

中耕除草与培土：每年新叶长出（或定植成活）后，于春、夏、秋各中耕除草 1～2 次，秋季除草后要进行培土。

间种作物：定植后前二、三年，树体较小，其行间较大，可间种大豆、绿豆等矮秆作物，以充分利用土地，提高效益，并解决山茱萸多年无收益问题。

追肥：定植成活后，每年春秋各追 1 次肥，每次每株追施腐熟农家肥 10～50 千克、过磷酸钙 0.5～2 千克及适量饼肥或钾肥，于株旁开环状沟施入，施后覆土盖肥。成年结果树，于 3 月中旬至 4 月中旬每株再追施人畜粪水 10～15 千克。此外，在每年盛花期和幼果期，用 0.2％的硼酸或磷酸二氢钾，或 0.3％尿素每月喷施一次，各月交换喷施，对防止落花落果、提高坐果率有显著作用。

灌溉定植：当年或成年树花期、幼果期及夏季遇旱、追肥后土壤水分不足时，都要及时浇水，以保证幼苗成活和防止大量落花落果。

整形修剪：每株山茱萸在基部仅留 1 根主干，当年高度超过 80 厘米时，在离地 60～80 厘米处将干顶剪去，上部保留 3～4 个分布均匀、向不同方向生长的侧枝，其余枝条从基部剪除，以促使主干粗壮和所留分枝旺盛生长，以后逐年依次分层整形修剪，从而使树冠呈开心型。已结果的成年树整形修剪应以"疏删为主、短截为辅"，以保持强健的树势，培养更多的结果枝，协调好生长与结果的平衡关系。

图 16　山茱萸

105. 连翘的主要栽培技术有哪些？

连翘为木樨科落叶植物，以果实入药（图 17）。主产于河南、山西、陕西等地，其中山西、河南的连翘产量最大。

连翘适应性强，耐寒、耐旱、耐瘠薄，很适宜在荒山坡地种植。可以防止水土流失，保护生态平衡，绿化美化环境。连翘在早春开黄色小花，大面积栽培，其景色非常壮观；又可年年采果，增加经济收入。因其生命力较强，栽培容易成活，可作半野生栽培。

连翘繁殖比较容易，可用种子、扦插、分株及压条等方法繁殖。

(1) 种子育苗移栽法 每年 3、4 月到 8、9 月都可以育苗，以 3、4 月育苗为好。要选充实饱满的优良种子，在整好的苗床内进行条播，按行距 30 厘米开沟播种，覆土 2～3 厘米，并盖草保持畦面土壤湿润，约半个月后出苗。出苗后逐渐揭去盖草，注意除草。苗高 10 厘米时，按株距 10 厘米左右定苗，并追施一次氮肥，每亩可施稀人粪尿 600 千克或尿素 3 千克，以后根据幼苗生长情况，可再追施一次。幼苗长到 30 厘米以上即可移栽。

一般在当年冬季封冻前或第二年早春萌芽前进行移栽，早春移栽的成活率较高。山坡地宜挖鱼鳞坑，坑距 2 米×2 米，上下坑应错开，坑的大小以幼苗根部能自然伸展为原则，一般深30～50 厘米、宽 30～50 厘米。挖坑时，心土和表土各放一边，肥料最好用有机肥（如腐熟厩肥或堆肥等），每坑施 2.5～5 千克，施于坑底，并与底土拌匀。栽苗时，一人提苗放在坑正中，一人填土，先把表土填入，达坑深一半时，将苗轻轻提一下，使根舒展，再用另一边的心土填满，用脚踏实，使坑内土低于地表 15 厘米左右后浇水。待水下渗后，上面再撒些松土保墒。最后，在每个坑的下坡向做一个高 20～30 厘米的半圆形土埂即可。

做这个土埂非常重要，目的是为了多积水、多蓄水。因荒山坡水源非常缺乏，主要靠天然降雨，下雨时这个土埂就可以挡住上坡流下来的一部分雨水，使其贮存在坑内。所以，这个土埂一定要做好，打结实，避免暴雨冲垮。每当暴雨后，都要上山巡视，如果发现有被冲垮的土埂，都要补好。

（2）**枝条扦插育苗移栽法**　扦插期最好在早春萌芽前，先把苗床整好，插条要选结果多、质量好的壮年母株上一二年生枝条，剪成20～25厘米长的插条，按行株距30厘米×12厘米斜插入土2/3深，使最上一节露出土面，插后浇水，经常保持土壤湿润。半个月左右，插条上的芽开始萌动发芽，成活后加强肥水管理。当年冬或第二年早春都可移栽，方法同上。栽后2～3年，可开花结果。

（3）**直播栽培法**　把种子直接播在鱼鳞坑里。挖坑的方法同上。应先把鱼鳞坑挖好，待雨季播种。每坑播3～5粒种子，覆土2～3厘米，并盖草保湿，出苗后只要把苗周围的草去掉，不影响出苗即可。另外，草还要放回坑内，覆盖保墒。

（4）**分株繁殖法**　于春季萌芽前，将母株旁萌发的分蘖幼苗连根挖出，即可定植于鱼鳞坑内。

图17　连翘植株和果实（入药部位）

106. 夏枯草的主要栽培技术有哪些？

夏枯草为唇形科植物，带花的果穗入药（图18-左）。多年生草本，高13～40厘米，花期5～6月，果期7～8月。生于荒地、路边草丛中。分布几乎遍于全国。

（1）栽培技术

选地与整地： 对土质要求不严，选阳光充足、排水良好的沙壤土、黄土、白膳土均可，但以沙壤腐殖土最佳。整地前，根据地块肥沃程度，一般每亩施磷肥 50 千克、尿素 20～25 千克或复合肥 50 千克，深耕 20～25 厘米，耙细，整理 2～3 米宽平畦。行间套种的整地方法为：先除尽杂草，按 1～1.2 米宽作畦，将沟土覆在畦面上。

繁殖方法： 以种子繁殖为主，生产中一般采用直播，亦可先育苗。夏枯草种子细小，温度在 25～30℃，有足够湿度时，播后 15 天左右出苗。

播种种植时间一般分早春和早秋两季种植，最佳季节为每年的立秋到白露，也就是农历 8 月上旬至 9 月上中旬，足墒种植，15 天左右出苗，年内定根越冬，翌年长势旺盛，成熟早，产量高。

撒播方式： 播种一般分条播和撒播两种，条播要用锄按行距 20～25 厘米开沟，将种子均匀撒于沟内，撒播可将种子均匀撒于畦面，种后用扫帚轻扫，将种子掩着即可。若墒情较差应盖稻草保湿，盖后洒水，保持畦面湿润，出苗后及时揭去盖草。亩用种量 1.5 千克左右。进行间套种，因土地利用率较低，每亩用种量一般为 0.5 千克。撒播，在整好的畦面上均匀撒播，播种时将种子与草木灰拌匀，播后覆上薄土，以盖没种子为宜，约 15 天出苗。

田间管理： 夏枯草适应性强，整个生长过程中很少有病虫害。苗出齐后长至 6～8 片叶时，按行距 20～25 厘米、株距 15～20 厘米进行间苗，除草一次，等苗长至 10 片时追施一次人畜粪水或每亩追施尿素。翌年一般每棵可分蘖 50～120 株，高 50 厘米左右。

苗齐后，结合中耕除草进行，在苗高 5 厘米左右时间苗，去弱苗留强苗；苗高 8～10 厘米时，按行距 5～10 厘米定苗。出苗后应视杂草生长情况及时进行人工除草，宜浅锄勿伤根，幼苗期勤松土除草。要求床面清洁无杂草，禁止使用化学除草剂进行除草。

播种后，遇干旱要及时浇水，保持土壤湿润，以保苗齐。雨天要及时清沟排水，避免田间积水。应视幼苗生长情况适量追肥。幼苗高 10 厘米左右时，每亩施清淡人畜粪水 250 千克，施后浇水一遍，花前施有机肥 1 000 千克、过磷酸钙 15 千克，开浅沟沟施。

（2）采收　在 6 月中下旬，夏枯草果穗呈棕红色时进行收割。收割后的夏枯草摊在晾场或者田间晒干，晾晒期间严防雨淋，晒干后可直接剪穗。剪穗时候要求所带茎秆不超过 2 厘米。将剪好的果穗，装入洁净、无污染的薄膜袋或编织袋中，贮存在干燥通风的场所，贮存时，地面要垫高或者用塑料薄膜覆盖以防受潮发霉。

（3）留种　以穗大、色棕红，摇之作响声为佳。当花穗变黄褐色时，剪、摘下果穗，晒干，抖下或搓出种子，去其杂质，贮存备用。

图 18　夏枯草植株（左）和红花植株（右）

107. 红花的主要栽培技术有哪些？

红花为菊科植物红花的干燥花冠，又名红蓝花、草红花、杜红花、刺红花等（图 18-右）。具活血通经、祛痰止痛等功效。主产于河南、四川、浙江和新疆等地，全国各地多有栽培。为一年或二年生草本，株高 1～1.5 米，全株光滑无毛。花期 5 月，果期 6 月。

（1）生长习性 红花喜温暖、干燥气候，抗寒性强，耐盐碱。喜阳光充足的环境，抗旱，怕涝。红花属长日照植物，短日照有利于营养生长，而长日照则有利于生殖生长。种子 5℃以上就可萌发，发芽适温为 15～25℃。

（2）栽培技术

选地、整地：宜选地势高燥、排水良好、土层深厚、中等肥沃的沙壤土或黏质壤土种植。忌连作，前茬以豆科、禾本科作物为好。整地时，每亩施农家肥 2 000 千克＋过磷酸钙 20 千克作基肥，耕翻入土，耙细整平，作成宽 1.3～1.5 米的高畦。在北方种植，可不作畦，但地块四周需开好排水沟。

繁殖方法：用种子繁殖。播种期，北方宜春播，南方则以秋播为主，时间在 10 月上旬至 11 月上旬为好。播前用 50℃温水浸种 10 分钟，转入冷水中冷却后取出晾干待播。条播或穴播，条播行距为 30～50 厘米，播后覆土 2～3 厘米；穴播行距同条播，穴距 20～30 厘米，深 6 厘米，每穴播种子 5～6 粒，播后覆土。每亩用种量：条播 3～4 千克，穴播 2～3 千克。

（3）田间管理

间苗、补苗：当幼苗具 3 片真叶时进行，条播按株距 10 厘米间苗，穴播每穴留壮苗 4～5 株。苗高 8～10 厘米时定苗，条播者按株距 20 厘米定苗，穴播者每穴留壮苗 2 株。

中耕除草：一般进行 3 次，前 2 次结合间苗、定苗进行，锄松表土，第三次在植株封行前进行，同时结合培土。

追肥：结合间苗、定苗，每次每亩追施人畜粪水 2 000 千克；抽茎分枝期至封行前，再追施人畜粪水 3 000 千克＋过磷酸钙 20 千克。现蕾前，还可进行根外追肥 1～2 次，喷施 0.2％磷酸二氢钾溶液；如喷施米醋300倍液，也有明显的增产效果。

打顶：一般种植较稀，在肥沃土地上生长良好的植株，可去顶促其多分枝，当株高达1米左右时摘心即可。密植或瘠薄地块上的植株不宜打顶。

排灌：出苗前、越冬期、现蕾和开花期，须保持田间湿润。遇天旱应及时浇水。如降雨量大、气温升高，要及时挖沟排水。

(4) 采收与加工　春栽当年、秋栽第二年5～6月即可收获，一般开花后2～3天即进入盛花期，就可逐日采收。采收标准以花冠顶端由黄变红时为宜。采下的花应盖一层白纸在阳光下干燥；或阴凉通风处阴干，不能搁置，以免霉变发黑；也可在49～60℃的烘房内烘干。采花后20天左右，茎叶枯萎，瘦果成熟，可选晴天割下植物，脱粒。种子既可入药（白平子），又可榨油。

(5) 留种技术　在盛花期，选生长健壮、植株高矮一致，抗病力强，分枝多、花头大、花冠长，开花早而整齐的丰产型单株，做好标记。待种子成熟时，采主茎上花头，单收单打，选色白粒大、饱满的种子作种。

108. 栀子的主要栽培技术有哪些？

栀子又名黄栀子、山栀子、小枝子、红栀子、山枝、木丹、黄果树（图19）。为茜草科多年生灌木，以果实和根入药。

(1) 生活习性　栀子是一种阴性树种，喜温暖向阳、湿润的环境，适宜生长温度为18～25℃，低于15℃或高于30℃均可助长落花、落果。气温降到12℃以下时地上部分进入休眠，在－5℃可以安全越冬。喜湿润的气候，忌积水，较耐旱。5～7月花果期，如雨水多，落花、落果明显，干旱时产量也不高。幼苗期需水较多，且宜稍荫蔽。对土壤要求不严，但以土层深厚、质地疏松、排水透气良好、酸性至中性的沙壤土较好。严寒地带、低洼积水、背阴、盐碱地不宜栽种。

（2）**繁殖方法** 栀子主要用种子繁殖，也可采用分株、扦插繁殖。

种子繁殖：栀子种子发芽适温为 25～30℃，不耐贮藏，保存一年以上的陈种子发芽率显著降低。留种宜选植株生长旺盛、无病虫害，果枝节间粗短、果实皮薄、饱满、圆鼓形、色红黄的新产中型果实作种。

扦插繁殖：春季或秋季选择生长健壮的植株上二、三年生枝条剪成 15～20 厘米的插条，在事先准备好的苗床上，按行株距15 厘米×10 厘米，将插条斜插入土中 2/3，用土压实、浇水、保持湿润，生根展叶后即可移植。

分株繁殖：于早春或秋季刨开表土，将母株周围 15～30 厘米高的萌蘖从相连处切断，单独栽植，注意浇水。

（3）**栽培要点**

整地：选地后于播种前深翻 30 厘米，亩施厩肥 2 500～3 000千克，拌匀整平耙细，作成宽 1.2 米的高畦，两边开宽 30 厘米的排水沟，以利排灌。

选种：播种前剥开果皮取出种子，用 30℃温水浸泡 2～3 小时后揉搓，去掉浮在水面上的杂质和瘪子，将沉在水底的饱满种子捞出，摊在笋内晾去过多水分，然后拌上细沙备播。

育苗：春、秋两季均可播种，以春播为好，春播在 2 月下旬至 3 月初，秋播在 9 月下旬至 10 月，在畦面上按行距20～25厘米开 2～3 厘米浅沟，将种子均匀撒在播种沟内，覆土，稍压盖草浇水，保持湿润，温度适宜，15 天后出苗。亩用种 2～3千克。出苗后揭去盖草，保持一定湿度。注意遮阴、除草、追肥，苗高 3 厘米时间苗，按株距 7～8 厘米定苗。育苗一年，苗高 30 厘米以上时即可移植于大田中。

定植：用种子繁殖或扦插育苗，一年后于早春 2～3 月或秋季 10～11 月定植。少量栽培可在房前屋后、菜园地边挖穴栽。

大田栽培在整好的地块上，按行株距 1.5 米×1.2 米挖直径 50 厘米、深 40 厘米的穴。每穴施入基肥，盖土后将栀子苗放入，每穴一株，种下培土时将苗轻提一下，以利根系舒展，然后填土、压实、浇水。如遇天旱应注意浇水保活。

（4）采收 栀子定植后 2～3 年开始开花结果，每年 10 月上旬果实陆续成熟，当果皮由青转为枯黄色时分期分批采摘，大小果要摘净。采摘后不要堆闷，可放通风处摊开，晒干或烘干。烘时火势由大到小，经常翻动，遇阴雨天，白天烘，晚上回润。反复数次即干。

图 19　栀子花和果实（入药部位）

109. 半夏的主要栽培技术有哪些？

半夏为天南星科多年生草本，药用地下块茎。别名有旱半夏、地慈姑、三叶半夏、三叶老、三步跳、麻芋子、地珠半夏、天落星、地雷公、麻玉果、燕子尾、野芋头、地巴豆等（图 20）。我国大部分省份均有分布。

（1）生活习性 半夏根系浅、喜肥，多野生于潮湿、疏松、肥沃的沙质壤土或腐殖质土上。喜温暖、湿润气候和荫蔽环境。不耐旱，怕强光照射，适宜生长温度为 15～25℃。高于 36℃，地上部分死亡，土壤缺水和空气干燥对生长均有明显不利影响。栽培时宜选择疏松肥沃的沙质壤土，低洼地、盐碱地、黏土地不宜栽培。前作以豆科作物为好。

（2）繁殖方式 半夏繁殖方式主要有块茎繁殖、种子繁殖与珠芽繁殖三种。另外还可用组织培养快速育苗。

种子繁殖生长期长、发芽率低，生产上少用，块茎繁殖当年就可收获，是常用方式。初次引种栽培半夏最好购买鲜块茎作繁殖材料。

半夏块茎球形或扁球形，直径0.5～4厘米，上半部着生多数须根，底部与下半部淡黄色，光滑，大块茎周围偶有连生数个小块状侧芽。块茎断面乳白色。

块茎繁殖： 秋季收刨时，选无病高产植株，挑出直径1.2～1.5厘米大的块茎用湿润细沙拌匀放于室内阴凉处。春天日平均气温在10℃左右时播种，播前筛出沙子，用5%草木灰液浸种2～4小时，晾干，按大、中、小等级下种。

在整好的畦面上，按行距20厘米开4～5厘米深沟，沟底要平，将大、中块茎分别按3～5厘米株距摆匀，小块茎按2～3厘米株距交叉摆成两行，芽头向上，覆土耧平，稍压。亩用块茎60～120千克。半夏也可结合秋收进行播种。

种子繁殖： 当半夏佛焰苞萎黄时采收种子，夏收种子可随采随播，秋收种子用湿润沙拌藏，春季播种。按行距10～15厘米开2厘米浅沟，将种子撒入耧平，保持土壤湿润，夏季注意管理，生长二三年刨出块茎作繁殖材料或入药。

珠芽繁殖： 半夏叶柄上长出的珠芽有入土生根的特性，可于5～6月采收成熟珠芽，在整好的畦内按行株距15厘米×3厘米，栽于3厘米深的沟内，栽后覆土加强管理，第二年可长成1～2厘米大的块茎，刨出作种或入药。

（3）栽培方法

整地： 精心选好播种地块，于秋作收获后进行冬耕，深15～

20厘米，春天解冻后亩施5 000千克有机肥、过磷酸钙80千克、饼肥适量，浅耕细耙，作成宽1米畦，两头开好排水沟。播前若地干燥，可浇水待地表干后再种。

追肥：半夏喜大肥，除施足基肥外，生长期注意适时追肥。出苗后浇施一次稀人粪尿。5月下旬至6月下旬，首批珠芽长成，要重施珠芽肥，亩追有机肥肥500～1 000千克、尿素5千克拌匀撒入沟内，并把行间的土培在珠芽部位，大暑及立秋间可再追施稀人粪尿加少量过磷酸钙。生长中后期每10天根外喷施一次0.2%磷酸二氢钾，有一定的增产作用。

排灌：出齐苗后及时松土除草，至5月下旬这段时间不宜多浇水，以增强抗旱耐热能力，只要土壤保持湿润即可。5月下旬后土壤不可缺水，否则易倒苗，浇水要浇透，不可只泼湿表土，雨季注意开沟排水，防止积水烂根。

摘花穗：除留种外，抽薹时结合追肥、培土、拔草及时摘去花穗，减少养分消耗。

遮阳保墒：半夏在高温季节喜半阴半阳环境，谷雨前后可在畦梗上间种玉米，株距50厘米，处暑后气温下降，及时收获玉米，避免遮阳。

(4) 采挖加工　9月下旬半夏叶片发黄时收获，过早产量低，过迟则难脱皮和晒干。收刨时从畦的一端用锨将半夏挖出，拣净后及时加工，不宜堆放过久。一般亩产鲜块茎500～1 000千克，也可更高。

加工时将半夏按大、中、小等级分开，分别装入筐或麻袋，置流水或水池中用棍棒捣搓，或穿长筒胶鞋踩踏，使半夏外皮脱尽呈白色时，稍洗晒干或烘干，即为生半夏。每100千克鲜品可加工30千克左右干品，以个大皮净、色白、质坚实、粉性足者为佳。半夏全草有毒，加工晾晒时切勿让小孩玩耍或误食。

图 20 半夏植株（左）和冬凌草（右）

110. 冬凌草的主要栽培技术有哪些？

冬凌草，又名冰凌草、冰凌花、雪花草，系唇形科香茶菜属植物碎米桠变种，因其植株凝结薄如蝉翼、形态各异的蝶状冰凌片而得名（图 20-右）。为多年生草本或亚灌木，一般高 30～130 厘米。冬凌草属阳性耐阴植物，略喜阴；抗寒性强，既能耐 -20℃的低温，又能耐 50℃的高温，适宜温度为 25～30℃，10～40℃适合生长。温度低于 5℃基本停止生长。萌蘖力强，耐干旱、瘠薄，适应性强，对土壤要求不严；土层深厚、土壤肥沃、沙质壤土、pH6.5～8.0，冬凌草生长最佳。花期 8～10 月，盛花期 9 月，开花适宜温度为 18～26℃，相对湿度为 60%～80%。

（1）种子繁殖

选种： 9～10 月果实成熟高峰期采种，并用 0.5～5 毫米的筛子净化种子，置通风处晾干（严禁在阳光下暴晒，以免影响发芽率），装袋，置阴凉、干燥处贮藏。

种子处理： 冬凌草种子为小坚果，种子外被蜡质，自然繁殖难度大。为了提高种子的发芽率，提早出苗，播种前最好进行种子处理，处理方法有两种：①温水浸种处理。将净化的种子投入45℃的温水中浸泡24小时，然后播种，这样的种子发芽率可达90％，出苗率可达50％。②用ABT生根粉处理。把种子投入0.01％的ABT生根粉溶液中浸泡2小时，再进行播种，种子发芽率可达95％，出苗率比温水浸种处理略有提高。

选地整地：育苗地宜选择地势向阳、疏松肥沃、排灌方便、透气性好、不板结、pH 6.5～8.0、富含腐殖质的壤土。播前深耕、细耙，以熟化表土、疏松土壤、改善土壤理化性质、增加土壤保水力、提高土壤保墒能力，并消灭土壤中的病原、虫源。深耕20～40厘米，做成平畦，并浇水灌溉，施足底肥。

播种时间和方法：冬播为11月，出苗率比春播高12％；春播为3月。播种时开沟深2厘米，行距20厘米，以5倍于种子的细沙土或草木灰、稻糠等拌匀后撒播，覆土1.5厘米。每亩播种量以0.5～0.7千克为宜。由于播种后覆土较浅，土壤表层易干，应覆以稻糠或腐殖质。早春干旱时要注意适当浇水，保持土壤表层湿润。

苗期管理：在烈日或干旱的情况下，幼苗易被灼伤，行间盖草可遮阳保苗；高温、干旱时应及时浇水，雨水过多应及时排水排涝。为使幼苗生长旺盛，应经常除草、中耕。结合中耕，根据幼苗的生长状况适当施肥、间苗，株距5～8厘米；发现缺苗可选阴天补栽。

（2）扦插繁殖

插穗的采集与处理：采集当年无病虫害的野生冬凌草茎或枝条，将其中、下部剪成10～15厘米长的插穗，每穗保留2～3个芽节，顶芽带2～3个叶片，上部剪口在距第一个芽1～1.5厘米处平剪，下剪口顺节处平剪，剪口要平滑，不劈裂。剪好后将插穗在清液中浸泡2小时，然后将插穗放用0.01％的ABT生根粉溶浸泡0.5～1小时，捞出后即可扦插。

扦插方法：苗床应选择避风、向阳、灌溉条件比较好的沙壤地，做成宽 1～1.5 米、长 5～10 米的畦床，于 7～8 月将处理好的插穗以 3.5 厘米株、行距，以插后叶片互不重叠为标准插入土中。为防止损坏或折断插穗，最好事先将床土插个洞，然后将插穗插入，用手略按，使土壤与插穗下部紧密接触。插好后浇水，保持土壤湿润，15 天左右开始生根，成苗率达 85%。采用塑料大棚沙床扦插，棚上要架设遮阳网等材料，插床底铺卵石，上铺豆粒石，最上面铺干净的河沙。5～6 月，将处理好的插穗插入苗床，株、行距以扦插后叶片互不拥挤、重叠为宜。扦插后保持土壤含水率在 5% 左右，棚内空气相对湿度保持在 80%～90%，气温控制在 30℃ 以下，5～7 天后插穗开始生根并长芽，待芽长出 2 片叶时撤去大棚。

(3) 截根育苗　2 月，选二年生（野生的一般为多年生）以上且无病虫害的健壮冬凌草植株的根部，切成 6～10 厘米长的小段，开沟，埋入整好的苗圃畦中，压实后浇水。

(4) 分蘖育苗　2 月，将冬凌草整丛挖出，然后分根，每株带 2～3 个根芽，栽入苗床，覆土、压实、灌水。栽后只要注意浇水、保墒，就可以保证成活。

(5) 移植技术　由于冬凌草发叶较早，种苗的移植宜早不宜迟；因此，冬凌草最适宜的栽培时间在华北南部为早春 2 月。视根系的发育情况在苗圃中选择壮苗。一般情况下，一年生的冬凌草每墩可栽 2～3 株，二年生的冬凌草每墩可栽 1～2 株。起苗时尽量不要损伤幼苗的根、皮、芽，严禁用手拔苗。为了提高成活率，一方面要边起苗边移植，并尽量带土移植；另一方面，如果定植点距离苗圃较远，挖出的幼苗需放置在阴凉、潮湿的地方，或甩掉幼苗根部的土，并在其根上喷适量的水，然后用塑料膜包裹根部，再用尼龙绳捆扎，低温运输；当天不能定植的幼苗，要假植在苗床中，防止脱水。

穴内施入适量的厩肥，然后盖一薄层土，防止根与肥料直接接触；为了使根系与土壤紧密接触，根要蘸泥浆，泥浆宜稀，防止根系粘连。将种苗置于穴中央，使根系舒展，即深栽、浅提、分层填土踏实。栽植深度以土踏实后种苗根茎与地面持平为宜，最后再盖一层土，使根基土略高于地面，以利于保墒。

冬凌草的移植密度应根据地形、土壤等条件和不同栽培目的而定。以采收叶为栽培目的的，株、行距 0.4 米×0.6 米，立地条件较差的，株、行距 0.4 米×0.4 米。以种子利用为主要目的，株、行距 0.4 米×0.8 米；林药间作的株距为 0.6 米左右。

（6）管理技术 每年的 6～8 月是冬凌草开花前生长最旺盛的时期，也是冬凌草需水的关键时期，应适当灌溉，但要注意防止水分过多；雨季或低洼易涝地，要及时做好疏沟、排涝工作。以收种子为目的的，由于种子的发育需大量的营养，所以，进入生殖初期，应根据生长发育状况适当施肥，以氮、磷肥配施为宜。

冬凌草根系生长迅速，萌蘖力较强，密度逐渐增大。生长到第 3 年时，由于根系密集，根部生长点开始衰退，影响冬凌草的生物产量。一般需在第 4 年早春隔株挖根或将根全部挖出后重栽，换新土抚育复壮。新建的冬凌草园，要加强看护，设立防护带，防止牛、羊践踏和盲目采收。

111. 杜仲如何环状剥皮并保护新皮再生？

杜仲以树皮入药，惯用伐树取皮，每株只能剥皮一次（图 21）。近年来，采用大面积环状剥皮并使剥皮再生成功，在一株树上实现多次剥皮的愿望成为现实，既增加生产又保护资源。

剥皮的技术要求较高，技术要熟练。剥皮前要做好充分准备，刀要锋利，手和工具都要用酒精消毒。剥皮时间应选在 6～7 月进行，因此时温度较高，空气湿度较大，有利新皮再生。特别在雨后一周左右剥皮，树皮容易剥下，也容易再生新皮。如果天气较干旱，最好在剥皮前一周左右浇一次水。还要选多云或阴天，不宜在雨天和炎热的晴天及有风的天气剥皮。虽然温度高、湿度大的天气容易再生新皮，但这种条件正适合杂菌生长，容易感染病菌，故应掌握在剥皮后一个月内避过高温高湿天气。

图 21　杜仲树枝及树皮（入药部位）

具体操作方法：用芽接刀在树干分枝处下方，绕树干环切一刀，在树干基部离地面约 10 厘米处同样又环切一刀，再在这两个环切口之间，从上向下以垂直方向纵切一刀。在环切和纵切时要注意，不可用力过大或切得太深，以只切断韧皮部且不伤木质部为宜。然后，自上而下小心撬开树皮，向树干一侧或两侧往下撕开，随撕开随切断残连的韧皮部，尽量不伤木质部和形成层，至树皮完全剥离时取下树皮即可。在剥皮过程中，不要用手或刀等工具触及裸露的木质部，以减少病菌感染的机会。树皮剥下后，要用干净的透明塑料薄膜将剥皮部位包裹，薄膜大小应比剥皮部位的树干长，也比树干的周长宽，在树干上、下部的留皮处用细麻绳绑紧，中间薄膜交口处用透明胶布粘紧。不宜封紧，不宜封严，以利通气。若遇高湿天气，包裹时间不宜过长，一旦发现有病斑应及时刮去，避免扩大感染。在阴天、无风天气，空气相对湿度达 90％以上，并能维持 2～3 周时也可以不必包裹。为防止害虫爬进剥皮区危害，可在树干的上下两端用 50％西维因

50 倍液加约 0.5％的牛胶混合涂刷，以形成两个保护圈，农药勿喷洒在木质部，以免影响新皮的形成。

环剥后 3～4 天木质部表面呈现黄绿色，说明已开始形成愈伤组织，20 余天新皮雏形已基本形成，以后逐渐加厚，一般再经 3 年新树皮即能长到正常厚度，可再环剥。若剥皮后表面呈黑色，说明形成层已环死，不能形成愈伤组织，严重者全株死亡。实践中因方法不当而失败的也不少，所以一定要严格按上述的规程进行，才能确保新皮再生，实现一株多次剥皮的效果。

112. 辛夷的主要栽培技术有哪些？

辛夷，别名望春花、木笔花、玉兰花等，为木兰科木兰属落叶乔木辛夷，以花蕾入药，主产陕西、河南、安徽、四川等地，现全国各地多有栽培（图 22）。

辛夷喜温暖湿润和阳光充足的环境，较耐寒、耐旱，忌积水，有较强的适应性和抗逆能力，山谷、丘陵、平原以及房前屋后、园边零星地等均可栽培。对土壤要求不严，但以疏松肥沃、排水良好、酸性或微酸性的沙壤土为优。黏重、盐碱及低洼易涝地不宜种植。花美丽，庭院种植亦可供观赏。主要栽培技术如下：

（1）选地整地 育苗地宜选择地势平坦、灌排方便、疏松肥沃、微酸性的沙壤土。秋冬深耕熟化土壤，翌年早春再浅耕一遍，耕前施足基肥，耕后随即耙细整平，做成宽 1 米左右的平畦或高畦。栽植地宜选地势高燥、土层深厚的向阳缓坡地。最好成片栽植，以便管理。亦可利用庭院四周、村头、园边等闲散地栽培。栽前于选好的地内按行株距 3 米×2 米或 2 米×2 米，挖直径或深各 50 厘米左右的穴。每穴施堆肥或土杂肥 25 千克，与底土拌匀待栽植。

（2）播种育苗与栽植 辛夷以种子繁殖为主，亦可分株、扦插和嫁接繁殖。

种子繁殖（亦称育苗移栽）：①采种与种子处理。选主干通直、生长健壮的 15～20 年生的植株，于 9 月上、中旬采集紫红色的成熟果实，晾干脱粒。混拌粗沙，搓去种皮外的油脂，或将种子置于 0.2% 的碱液中浸泡 24 小时再搓去种皮油脂，捞出稍晾。将去除油脂的种子放入 100 毫克/千克的赤霉素溶液中浸泡 24 小时，捞出拌 2～3 倍清洁湿河沙装入木箱，置于室内或室外高燥处挖窖层积处理。②播种育苗与移栽定植。3 月上、中旬于整好的苗床上，按行距 20～25 厘米开深 2.5～3 厘米的浅沟，将催芽处理的种子按粒距 3 厘米左右均匀播入沟内。覆土与畦面平，稍压实，畦面盖草保湿，1 个月左右即可出苗。

出苗后分批揭去盖草，行间插树枝等遮阳，幼苗长出 2 片真叶时间苗，长出 3～4 片真叶时按株距 15～18 厘米定苗。定苗后经常松土除草，春夏季加强肥水管理。适时追施入畜粪水或硫酸铵、尿素等。8 月中旬后减少水肥，防止生长过旺。培育至第二年春季或秋季，待苗高 80～100 厘米时即可出圃定植。

定植时，于已挖好的定植穴内，每穴栽苗 1 株，每亩栽苗 110～160 株，栽后覆土压实，浇水保湿。

扦插繁殖：于春季或夏秋之间，选一二年生粗壮、无病虫害的枝条，取其中下段截成长 15～20 厘米、具有 2～3 个节位的插条，上端剪开，下端于近节处剪成斜口，于 1 000 毫克/千克的吲哚丁酸溶液中快速蘸一下，取出按行株距 20 厘米×（5～7）厘米插入苗床的土中，入土 2/3，插后压紧周围土壤。然后浇水保湿，搭棚遮阳，1 个月左右即可生根发芽，培育 1 年后便可出圃定植。

分株繁殖：于早春土壤刚解冻、植株尚未萌动时，挖出老株的根蘖苗，或将灌木丛状的小植株全株带根挖起，分株另行栽植，随挖随分随栽。

(3) 田间管理

间种作物与中耕除草：辛夷行株距大，成林前行间可间作豆类作物及一二年生草本中药材，结合间种作物的田间管理，进行中耕除草3～4次，并适当培土、去除萌蘖。成林后，每年在夏、冬两季中耕除草2次。

追肥：定植后每年追肥2～3次，成林前结合中耕除草施入适量人畜粪水或尿素，以促进幼苗健壮生长。成林后分别于现蕾开花前或采摘花蕾后、夏季摘心后以及越冬前追肥2～3次。春夏季追施人畜粪水或尿素、硫酸铵等速效肥，越冬前于株旁开沟环，施厩肥、饼肥、磷肥等堆沤而成的混合肥料，每株15～20千克，为下年花芽分化和提高产量打下营养基础。

灌排水：定植当年经常浇水，保持土壤湿润，以利幼苗成活和生长。第二年以后不遇特殊干旱一般不再浇水，雨季应注意及时排水防涝。

整形修剪：定植后第二年进行打顶定干，主干高度保留1～1.5米，以后视生长势和枝条的分布情况修剪成疏散分层、形成自然开心形的丰产树型。每年冬季将枯枝、徒长枝、纤弱枝、病虫危害枝及过密枝从基部剪除。修剪之后适当追肥，以利恢复树势。

生长衰弱的老树应将多年生枝条回缩更新，在芽近萌动时将其从基部剪除，并加强肥水管理，促进旺发新枝，以恢复和增强树势。新枝过多时应去弱留壮、去密留稀、择优保留，经3年抚育即可正常开花。

图22　望春花和药材辛夷

113. 石斛的主要栽培技术有哪些？

石斛为兰科多年生附生草本植物，以茎入药。在我国作药用的石斛有 20 多种，常见的有：金钗石斛、铁皮石斛、黄草石斛、环草石斛等（图 23-左）。

(1) 繁殖方法

有性繁殖： 即种子繁殖。石斛种子极小，每个蒴果约有 20 000 粒，呈黄色粉末状，通常不发芽，只在养分充足、湿度适宜、光照适中的条件下才能萌发生长，一般需在组培室进行培养。不过，尽管石斛繁殖系数极高，但其有性繁殖的成功率极低。

无性繁殖： ①分株繁殖。在春季或秋季进行，以 3 月底或 4 月初石斛发芽前为好。选择长势良好、无病虫害、根系发达、萌芽多的一二年生植株作为种株，将其连根拔起，除去枯枝和断枝，剪掉过长的须根，老根保留 3 厘米左右，按茎数的多少分成若干丛，每丛须有茎 4～5 枝，即可作为种茎。②扦插繁殖。在春季或夏季进行，以 5～6 月为好。选取三年生的健壮植株，取其饱满圆润的茎段，每段保留 4～5 个节，长约 15～25 厘米，插于蛭石或河沙中，深度以茎不倒为度，待其茎上腋芽萌发，长出白色气生根，即可移栽。一般在选材时，多以上部茎段为主，因其具顶端优势，成活率高，萌芽数多，生长发育快。③高芽繁殖。多在春季或夏季进行，以夏季为主。三年生以上的石斛植株，每年茎上都要萌发腋芽，也叫高芽，并长出气生根，成为小苗，当其长到 5～7 厘米时，即可将其割下进行移栽。

(2) 附主栽培　石斛本身属于半阴湿性的植物，野生的铁皮石斛通常是附生在较高海拔的岩石峭壁，或是潮湿环境下的树木表皮之上，一是这些附生主体（岩石和树皮）本身水分很少，甚至是没有水分（岩石）的；再者石斛属于气生根植物，它主要是通过吸收空气中的水分和养料来获得营养,这些因素都决定了铁皮石斛阴湿、通风、半阴半阳环境的选择。因而在人工繁育栽培条件下也可模拟自然环境条件进行栽植,根据附主的特性不同可将铁皮石斛的人工附主栽植分为树栽、石栽和腐殖土栽培三种形式。

树栽时可选择树皮厚、水分含量高、树冠浓密、叶草质或蜡质、树皮有纵沟的阔叶树种(如黄桷树、梨树、樟树等)作为栽培附主;石栽则选择质地粗糙、松泡易吸潮、表面附着腐殖土或苔藓的石块作为栽植附主;腐殖土栽培时,选择在较阴湿的树林下,用砖或石砌成高 15 厘米的高厢,将腐殖土、细沙和碎石拌匀填入厢内,平整后即可栽植,厢面上搭 100～120 厘米高的遮阳棚。

(3) 栽培管理

温度与光照管理:铁皮石斛的适宜生长温度为 15～28℃,因而为营建适于其生长的温度环境,在夏季温度高时,设施大棚内须加强通风散热,通过遮阳棚、喷雾降温、通风降温等方式调控棚内温度在一个适宜的范围内;在冬季气温低时,应将设施大棚密封好,必要时可通过各种加热方式使得设施内温度上升,以防冻伤植株。

铁皮石斛喜阴,应采用遮阳措施以降低光照。生长期的铁皮石斛遮阴度以 60% 左右为宜。幼苗刚定植完成时,大棚须盖有 70% 遮阴度以上的遮阳网,以防强光暴晒导致幼苗萎蔫,影响成活率。高温、高强光的夏、秋季,大棚的遮阳网须盖好、盖牢,因为高强光很容易让植株提早封顶,长不高,影响产量。冬季应适当揭开阴棚以利透光,延长生长期。贴树栽培(附主栽培)的,应在每年冬、春季节适当剪去附主植物过密的枝条。

水分与湿度管理:水分管理是铁皮石斛栽培过程中的关键环节之一。刚移栽的石斛苗对水分最敏感,此时一般应控制基质的含水量在 60%～70% 为宜,具体操作时以手抓基质有湿感但不滴水为宜。移栽后 7 天内（幼苗尚未发新根）空气湿度保持在 90％左右，7 天后，植株开始发生新根，空气湿度保持在 70％～80％。

夏秋高温季节则尽量控制水分，以基质含水量在 40％～50％为宜；进入 11 月以后的冬季，气温逐渐降低，温度在 10℃ 以下时铁皮石斛基本停止生长，进入休眠状态，此时对水分的要求很低，应控制基质含水量在 30％以内。

越冬管理：越冬管理主要是保温，措施有加二道膜、烟雾防冻、人工加温等。进入冬季前要对铁皮石斛进行抗冻锻炼并适当降低湿度，每 15 天喷 1 次水。

图 23　铁皮石斛（左）和白芨（右）

114. 白芨的主要栽培技术有哪些？

白芨，兰科，属多年生草本植物（图 23-右）。白芨属共有 9 个种类，产于中国的有四种，全国各地均有栽培。药用部分为白芨的干燥根茎。

（1）生长习性　喜温暖、阴凉和较阴湿的环境，稍耐寒。要求肥沃、疏松而排水良好的沙质壤土或腐殖质壤土。要求栽培在阴坡或较阴湿的地块。

（2）繁殖方法 白及用种子播种较难，分块茎繁殖较易。9～11月初，将白及挖出，选大小中等、芽眼多、无病的块茎，每块带1～2个芽，沾草木灰后栽种。开宽20～25厘米、深5～6厘米的沟，按株距10～12厘米放块茎一个，芽向上，填土，压实，浇水，覆草，经常保持潮湿，3～4月出苗。亩用种苗100千克。

（3）栽培管理 选择疏松、肥沃的沙质壤土或腐殖质壤土，温暖、稍阴湿、排水良好的山地栽种。选阴坡生、荒地栽植时，把土翻耕20厘米以上，每亩施农家肥（厩肥和堆肥）1 000千克，没有农家肥可撒施三元复合肥50千克。栽植前浅耕一次，把土整细、耙平，作宽130～150厘米的高畦。

白及对田间管理，特别是除草要求很严格，种植完及时喷洒乙草胺封闭，白及苗出齐后，5～6月生长得很旺盛，杂草也长得很快，要进行除草。除草结合搂松畦面，除草时要浅锄，免得伤根。

白及是喜肥的植物，每个月喷施一次磷酸二氢钾或稀薄的人畜粪尿，7～8月停止生长进入休眠期，但是要防止杂草丛生。

白及喜阴，需经常保持湿润，干旱时要浇水，7～9月早晚各浇一次水。白及又怕涝，如遇大雨要及时排水避免伤根。

（4）采收加工 白及种植2～3年后，9～10月地上茎枯萎时，挖出块茎，去掉泥土，进行加工。将块茎单个摘下，选留新秆的块茎作种用，其余的剪掉茎秆，在清水中浸泡1小时后，洗净泥土，放沸水中煮5～10分钟，取出烘至全干，去净粗皮及须根，筛去杂质。一般亩采收鲜品800～1 000千克，可加工200～300千克。以个大、饱满、色白、半透明、质坚实者为佳。

115. 白术的主要栽培技术有哪些？

白术，别名桴蓟、于术、冬白术、杨桴、吴术、片术等，属于菊科苍术属多年生草本植物（图24）。喜凉爽气候，以根茎入药。全国各地均有栽培。

(1) 生长习性 白术多生于山坡、林缘及灌丛中，对土壤要求不太严格，以排水良好的沙壤土最适宜，酸性的黄红壤和微碱性的沙壤土亦可。白术喜凉爽气候，怕高温多湿，耐寒，气温30℃以下时植株生长速度随气温升高而加快；气温30℃以上时生长受到抑制，能耐−15℃的低温。根茎生长适宜温度为26～28℃，8月中旬至9月下旬为根茎膨大最快时期。

(2) 繁殖方法 应选择抗病力强、产品质量好的大叶品种。可采用种子繁殖，生产上主要采用育苗移栽法。根据地区不同，播种时间一般在清明至谷雨期间，3月下旬至5月上旬为最佳播种时间。白术种子容易萌发，发芽适温为19～20℃，且需较多水分，一般吸水量为种子重量的3～4倍，种子寿命为1年。

一般采用条播，按行距15厘米，在畦面上开沟，沟深3厘米，沟宽5厘米，沟底要平，把处理过的白术种子，用手均匀撒播在沟内，覆土以盖过种子为度（1～2厘米），播种后覆盖草，以保持土壤湿润。当气温达到20℃左右时，播种8～10天即可出苗。每亩用种量5～7千克。

冬季移栽，移栽前先施足基肥。白术苗以当年不抽叶开花、主芽健壮，根茎小而整齐为佳。剪去须根，开挖深10厘米的沟，按株行距18厘米×21厘米左右将白术苗排入沟内，芽尖朝上，并与地面相平。栽后把植株周围的土稍加压实，浇定根水。每亩栽12 000～15 000株。

(3) 田间管理 当出苗达80％左右时，揭去上面的盖草。当苗高9～14厘米时，结合除草进行松土一次，5月中旬后，植株进入生长旺盛期。6月中旬植株开始现蕾，现蕾前后，可追肥1次，每亩于行间沟施尿素15千克或复合肥25千克，施后覆土、浇水。摘蕾后1周，可再追肥1次。

　　为了使养分集中供应根茎生长，提高白术根茎的产量和质量，除留种植株每株留5～6个花蕾外，其余都要适时摘除。一般在7月中旬至8月上旬分2～3次摘完。摘蕾时，一手扶茎，一手摘蕾，尽量保留小叶，不摇动根部。摘蕾应选晴天进行，雨天摘蕾伤口浸水易患病。白术在生长时期需要充足的水分，尤其是根茎膨大期更需水分，若遇干旱应及时浇水灌溉。应该注意的是，除草、松土、施肥、摘蕾等田间操作均应在露水干后进行。

　　（4）采收加工　采收期在定植当年10月下旬至11月上旬，白术茎秆由绿色转枯黄色时即可收获。收获过早，干鲜比重大；过晚新芽发生，消耗养分。选择晴天、土壤干燥时将根茎刨出，剪去茎秆晒干或烘干。晒干一般需15～20天，日晒过程中要经常翻动，晒干的白术称为生晒术，烘干的白术称为烘术。烘干时，烘烤火力不宜过强，温度以不烫手为宜，经过火烘4～6小时，上下翻转一遍，细根脱落，再烘至八成干时，取出堆积5～6天，使内部水分外渗，表皮转软，再行烘干即可。其产品以个大肉厚、体重、无空心、无须根、无虫蛀、断面白色为佳。

图24　白术植株和根茎

116. 板蓝根的主要栽培技术有哪些？

板蓝根是十字花科二年生草本植物，用根入药称之为板蓝根，用叶入药称之为大青叶。我国大部分地区均可种植（图25）。

(1) 生长习性　板蓝根是一种喜温、喜湿及喜光的植物，适应性较强，适宜生长在土层深厚、排水良好、中等肥沃的中性沙壤土中，能耐寒，喜温暖，怕水涝。春秋季节温度适宜时，叶片生长肥大。在疏松肥沃、排水良好的沙壤土中生长，根部顺直，光滑，产品质量好，低洼积水的土壤容易烂根。

(2) 栽培技术　既可春播也可夏播。春播于 4 月下旬，夏播于 5 月下旬至 6 月上旬，也可麦收后进行复播或种子成熟时，随采随播。播种方法可撒播，也可条播，以条播为佳，便于管理。在整好的地上按行距 20～25 厘米开约 2 厘米的浅沟，将种子均匀地撒入沟内。播前最好用 30～40℃温水浸泡 4 小时，捞出晾干后下种，播后施入腐熟的人畜粪水作种肥，再覆土与畦面平。保持土壤湿润，约 7 天发芽，10 天出苗。每亩用种量约 2 千克。

在板蓝根株高 4～7 厘米时，按株距 6～7 厘米定苗，去弱留壮，缺苗补齐。同时进行除草、松土。定苗后视植株生长情况，适当浇水和追肥。板蓝根生长前期一般宜干不宜湿，以促使根部下扎。生长后期适当保持土壤湿润，促进养分吸收。一般 5 月下旬至 6 月上旬每亩追施硫酸铵 40～50 千克、过磷酸钙 7.5～15 千克，混合撒入行间。水肥充足叶片才能长得茂盛，生长良好的板蓝根可在 6 月下旬和 8 月中下旬采收 2 次叶片。为保证根部生长，每次采叶后应进行追肥浇水。

(3) 收获　板蓝根叶片的采割量应根据叶与根的需要量决定。少割叶子可增加根的收获量。根部一般在 10～11 月地上部枯萎时挖收，因根长得深，需深挖。挖根时，从畦的一边挖起，先开约50厘米深的沟，然后顺序向前挖，切勿把根挖断。把挖出的根抖尽泥土，晾晒或用火炕烘至七八成干，扎成小捆，再晒至全干，即为板蓝根，以根粗、长直、均匀、坚实、粉性足者最佳。

图25　大青叶和板蓝根

117. 北沙参的主要栽培技术有哪些？

北沙参为伞形科植物珊瑚菜的干燥根，多年生草本。具养阴清肺、祛痰止咳之功能。株高30厘米左右（图26）。花期5～7月，果期6～8月。

（1）生长习性　喜温暖湿润气候、抗寒、耐干旱，忌水涝、忌连作和花生茬。种子属于胚后熟的低温休眠类型，一般需在5℃以下土温经4个月左右才能完成后熟过程，种子才能正常发芽。种子寿命为1年。

（2）栽培技术

选地、整地：选土层深厚、土质疏松肥沃、排灌方便的沙壤土种植，前茬以小麦、谷子、玉米等为好。黏土、低洼积水地不宜种植。每亩施农家肥 4 000 千克作基肥，深翻 50～60 厘米，整细耙平后作成 1.5 米宽的畦，四周开好深 50 厘米的排水沟。

繁殖方法：用种子繁殖，以秋播为好。播种方法有两种。①宽幅条播。播幅宽 15 厘米左右，沿畦横向开 4 厘米深的沟，沟底要平，行距 25 厘米，将种子均匀撒入，种子间距 4～5 厘米，覆土方法是开第二条沟时用土覆盖前沟，覆土厚度以 3 厘米为宜。②窄幅条播。播幅宽 6 厘米，行距 15 厘米左右，其他同宽幅条播。播种量依土质而定，一般每亩用种 4～6 千克。纯沙地播种后需用黄泥或小酥石镇压，以免大风吹走种子。

（3）田间管理　早春解冻后，若土壤板结，要用铁耙松土，保墒。由于北沙参是密植作物，行距小，茎叶嫩、易断，故出苗后不宜用锄中耕，必须随时拔草，待小苗具 2～3 片真叶时，按株距 3 厘米左右呈三角形间苗。如发现小参苗现蕾应及时摘除。雨季积水应及时排除。

（4）采收加工　播种后第二年 9 月参叶微枯黄时采挖。收挖时，先在畦一端挖一深沟，露出根部时用手提出，除去参叶，刨出的参根不能在阳光下晒，否则将不易去皮。收获的参根粗细分开，选晴天洗去泥沙，拢成 1 千克左右的小把，将尾根先放入沸水中顺锅转 2～3 周（6～8 秒），再把整把全部撒入锅内烫煮，不断翻动．并使水保持沸腾，直至参根中部能捏去皮时，捞出，剥去外皮，晒干即可。如遇阴雨天，则应烘干，以免变色霉烂。

（5）留种技术　选择排水良好的沙壤土建立种子田，施足基肥，并配施过磷酸钙。秋季收获时，选择植株健壮无病虫害、株形一致的当年生根作种株。按株行距 20 厘米×30 厘米，沟深 20 厘米，将参根斜栽在种子田内，覆土 3～5 厘米，压实。天旱时应浇水，栽后 10 余天即可出苗，10 月下旬枯萎。翌春 4 月上旬返青抽叶时，每株只留主茎上的果盘，以便集中养分促使籽粒饱满。7 月果实呈黄褐色时采种，随熟随采，以防脱落。晒干后去除杂质，置通风干燥处贮藏。种子田若能加强肥水管理，可连续收种 6～10 年。

图 26 珊瑚菜和北沙参（入药）

118. 黄精的主要栽培技术有哪些？

黄精，又名鸡头参、轮生玉竹，属百合科多年生草本植物，根据原植物和药材形状的差异，黄精可分为姜形黄精、鸡头黄精、大黄精三种（图 27）。

（1）生物学特性 黄精的适应性很强，耐寒，喜阴湿，在湿润背阴的环境生长良好。适宜在土壤肥沃、表层水分充足、上层透光性强的林缘种植。

（2）繁殖技术 黄精既可以用种子繁殖，又可以用根茎繁殖，种子繁殖时间较长，多用于育苗移栽，生产上多采用根茎繁殖。

种子繁殖：应选择生长健壮、无病虫害的二年生植株留种，在秋季浆果变黑成熟时采集，冬前进行湿沙低温处理。干燥贮藏的种子发芽率低，低温沙藏和冷冻沙藏的种子发芽率高，有利于种胚发育，打破种子休眠，缩短发芽时间，种子适宜发芽温度

25～27℃。

在常温下干燥贮藏发芽率62％，拌湿沙在1～7℃下贮藏发芽率高达96％，所以黄精种子必须经过处理后，才能用于播种。具体方法：在向阳背风处挖一深坑，深40厘米，宽30厘米，把1份种子与3份细沙充分混拌均匀，沙的湿度以手握成团、落地即散、指间不滴水为宜，把混种湿沙放入坑内，中央放玉米秸秆以利通气，然后用细沙覆盖保持坑内湿润，经常检查，防止风干和虫害，待翌年春季4月初取出种子，筛去湿沙播种。

在整好的苗床按行距15厘米开沟，沟深3～5厘米。把处理好的催芽种子均匀播入沟内，覆盖细土，土厚2.5～3厘米，稍加踩压，保持土壤湿润。播后插拱条，盖上塑料膜，加强拱棚苗床管理，及时通风、炼苗，待苗高3厘米时，应昼敞夜覆，逐渐撤掉拱棚，注意锄草、浇水，促小苗健壮成长，秋后或翌年春季移栽大田。

根茎繁殖： 晚秋或春季3月下旬移栽，秋季挖根需妥善保存。选择一二年生健壮、无病虫害的植株，挖取根状茎，选取先端幼嫩部分，截成数段，每段有3～4节，用草木灰处理伤口，稍晾干后立即栽种。畦面按行距25厘米开横沟，沟深8～10厘米，将芽眼向上，顺沟摆放，每隔10～12厘米平放一段，覆盖细肥土5～6厘米，踩压紧实，浇透水。

育苗移栽： 在整好的种植地块上，按行距30厘米，株距15厘米挖穴，穴深15厘米，穴底挖松整平施入底肥（亩施农家肥3 000千克），将苗栽入穴内，每穴2株，覆土压紧，浇透水一次，再次培土封穴，确保成活率。

(3) 田间管理 在生长期要经常中耕锄草，宜浅锄，以免伤根，促植株健壮。结合中耕除草合理追肥，亩施优质人畜粪肥1 000～1 500千克，冬前再施优质农家肥1 200～1 500千克，加过磷酸钙50千克、饼肥50千克，混合均匀沟施，浇水，加速根的形成与成长。黄精喜湿怕旱，土壤要经常保持湿润状态，遇干旱应及时浇水。多雨季节要防止积水，及时排涝，以免烂根。

黄精的花果期持续时间较长，每枝节腋生多朵花序和果实，消耗大量的营养成分与根茎生长养分。为此，要在花蕾形成前及时摘除，以促进养分向根茎部集中，提高产量。

（4）**采收加工** 野生黄精全年均可采挖，家种黄精以秋季采挖为好，一般根茎繁殖的在栽后 2～3 年采挖，种子繁殖的在栽后 3～4 年采挖，挖取根部除去茎叶和须根，洗净泥土，用竹片刮去外皮，切片晒干即成商品，一般亩产 400～500 千克，高产可达 600 千克。

图 27　黄精植株

参 考 文 献

陈志，黎玉华，2012. 棉花高产其实很简单 [M]. 杨凌：西北农林科技大学出版社.

封海胜，万书波，2004. 花生栽培新技术 [M]. 北京：中国农业出版社.

郭天财，朱云集，1998. 小麦栽培关键技术问答 [M]. 北京：中国农业出版社.

胡滇碧，2015. 中药材实用栽培技术 [M]. 昆明：云南大学出版社.

李庆豪，2010. 小麦、玉米优质高产100问 [M]. 北京：经济管理出版社.

李世等，1997. 常用中药材栽培与加工技术问答 [M]. 北京：中国农业科技出版社.

刘霞，穆春华，尹秀波，2015. 夏玉米高产高效安全生产技术100问 [M]. 济南：山东科学技术出版社.

农业部小麦专家指导组、小麦产业技术体系，2009. 小麦高产创建示范技术问答 [M]. 北京：中国农业出版社.

石德权，2004. 玉米高产新技术 [M]. 北京：金盾出版社.

苏德成，苏琳，吴帼英，1998. 烟草栽培关键技术问答 [M]. 北京：中国农业出版社.

孙计存，2012. 棉花生产技术 [M]. 石家庄：河北科学技术出版社.

夏有龙，邱泽森，1998. 水稻栽培关键技术问答 [M]. 北京：中国农业出版社.

肖智，杨恩学，2017. 油菜育苗移栽技术措施 [J]. 云南农业（9）：29-31.

谢辉，邓正春，杨纯光，等，2017. 优质油菜保优高产栽培技术 [J]. 作物杂志，31（7）：792-793.

张学林，2013. 古今农事 [M]. 北京：中国科学技术出版社.

赵永华，1999. 常用中药材栽培技术问答 [M]. 北京：中国盲文出版社.

中华人民共和国农业部，2009. 大豆技术100问 [M]. 北京：中国农业出版社.

中华人民共和国农业部，2009. 甘薯技术100问 [M]. 北京：中国农业出版社．

中华人民共和国农业部，2009. 高粱谷子 100 问［M］. 北京：中国农业出版社．

中华人民共和国农业部，2009. 花生技术 100 问［M］. 北京：中国农业出版社．

中华人民共和国农业部，2009. 水稻技术 100 问［M］. 北京：中国农业出版社．

中华人民共和国农业部，2009. 小麦技术 100 问［M］. 北京：中国农业出版社．

图书在版编目（CIP）数据

乡村振兴战略．种植业兴旺 / 张学林主编．—北京：
中国农业出版社，2018.10（2019.6 重印）
（乡村振兴知识百问系列丛书）
ISBN 978-7-109-24287-6

Ⅰ.①乡…　Ⅱ.①张…　Ⅲ.①种植业－农业技术
Ⅳ.①S

中国版本图书馆 CIP 数据核字（2018）第 145889 号

中国农业出版社出版
（北京市朝阳区麦子店街 18 号楼）
（邮政编码 100125）
责任编辑　郭银巧

北京万友印刷有限公司印刷　新华书店北京发行所发行
2018 年 10 月第 1 版　2019 年 6 月北京第 2 次印刷

开本：850mm×1168mm　1/32　印张：7.25
字数：180 千字
定价：26.80 元
（凡本版图书出现印刷、装订错误，请向出版社发行部调换）